孤独缓解手册

重新看待孤独
探索独处的益处

丽尔·里克曼
霏儿

享受独处
拥抱孤独

CHERYL RICKMAN

NAVIGATING LONELINESS

CNS | 湖南人民出版社

目 录

引言

在孤独这件事上
你并不孤独

我们身边有很多人，仿佛到处都是拥挤的人群。尽管有超过八十亿人共同生活在这个地球上，但我们仍会有孤独的感觉。

据估计，有 900 万英国人以及 61% 的美国人，25% 的澳大利亚人和 16.5% 的十五岁以上的新西兰人认为自己是孤独的。来自 Our World in Data[①] 的数据显示，在很多西方国家，

① Our World in Data是一份电子出版物，重点关注诸如贫穷、疾病、饥饿、气候变化、战争等全球性问题。这份出版物源自全球变化数据实验室的一个项目，该实验室是英国一家非营利性机构。

有 25% 到 48% 的人在过去几年的某个时刻中都曾感到孤独、被抛弃和缺乏陪伴；而在残障人士当中，这一比例甚至高达 50%。

这样的统计数据说明一个很有趣的现象：无论你的社交情况如何，在孤独这件事上，很多人都和你有相似的感受。

调查发现，世界各地有几百万老年人每周至少有五天都不会与任何人见面或交谈，并将电视机作为主要的陪伴。然而，感受到孤独的却不仅仅是老一辈人。尽管年轻人能熟练使用庞大的社交网络，但他们却比中年人更易感受到孤独和寂寞。2018 年新西兰社会调查结果显示，在新西兰的成年人中，18 ～ 24 岁的年轻人的孤独感最为强烈。

独自生活

近来，许多媒体都非常关注“孤独症大流行”的相关新闻，一个主要原因就是：全球人口统计和健康调查报告显示，现在世界上约有四分之一的家庭都只有一位家庭成员。而美国人口普查局的数据则表明，自 20 世纪 40 年代以来，独居人士的数量增加了两倍。而且由于离婚率不断上升，结婚的人越来越少以及越来越多的人选择保持单身，目前有 40% 的城市家庭都是单身家庭。

但这些趋势并不意味着人们一定会更加孤独。独自生活不代表孤独，就像被众人包围着的生活也并不代表不孤独。孤单可能会让人感到孤独，但感到孤独的人并不一定是处于独处的状态。在很多情况下，身处人群之中的你可能会比孤单一人时更加感到孤独。因此独自生活与独处并不一定意味着孤独感的出现或社会支持的缺失。独自生活的人也可能有很多非常亲密并能够提供支持和帮助的人际关系。

同样，活跃的社交活动和人际关系并不一定能让人免于孤独。有些人际关系会消耗你的能量，也有些人际关系可以让你积蓄能量。因此，在孤独的问题上，人际关系的质量比数量更为重要。

孤独并未减少

单身家庭的增加并不是唯一的变化。与50年前相比，我们与邻居的关系变得冷淡了许多，而且也很少有邻里之间共同抚养孩子的情况了。在几十年之前，如果有亲人或朋友要搬去大洋彼岸生活的话，基本就意味着此生难再相见，现如今的科技进步则让我们不论身在何方都能与彼此保持联系。但并没有证据表明，与邻里关系更加密切的时期相比现今社会中人们的孤独感有所减少。

除此之外，随着个人主义文化的流行，能够为人们提供支持和帮助的工会、民间组织及互助小组的确没有前些年那么常见了。

无论人们的孤独感有怎样的变化，有一点是毋庸置疑的：孤独感绝对没有减少。因此，这是一个值得我们投入精力仔细探讨的问题。

摒弃孤独

孤独让人感到痛苦，好消息是我们可以解决这个问题，因而也就不必长期忍受孤独。正如之前所说，独处并不一定使人孤独，我们也能够通过在生活中建立更多有意义的人际关系从而摆脱孤独。

对于那些曾忍受过痛苦的读者来说，我希望本书能够像一个拥抱一样为你们带来温暖和慰藉，也能够像一位同伴一样，指引你们建立更加丰富的人际关系，同时更好地认识自己。

社交隔离

疫情给我们带来了前所未有的挑战，几乎全世界都进入了一种封锁隔离的状态。但这种感觉，与人们以往可能感受到的孤独有所不同，因为这一次，我们所有人是在团结一致，共同经历自我隔离的过程。

每个人的体验可能会有所不同（与三个孩子同住在高层公寓的单亲妈妈肯定与住在乡间的一家四口有不同的感受。同样，能够居家办公的人与被裁员的人也一定会有不一样的体验），但尽管如此，所有人仍然是在共同应对这次危机。

这就呈现出一种团结的氛围，尽管彼此无法相见，大家都只能待在家里，可人与人之间的关系反而变得愈加紧密。所有人同心协力，守护彼此的安全，当然这也意味着我们需要忍受分离。

关于本书

《孤独缓解手册》是“现代情绪急救包”系列丛书中的作品之一。在阅读本书的过程中，你将知道该如何采取行动来减少孤独感。

首先，你会学到该如何重新看待孤独，并探索独处能带来的益处。这样一来，当你能够更好地与自己和他人相处之后，就可以用更加积极的眼光看待独处，并从中获益。

其次，你会明白该如何更好地与自己交流，这样你就可以珍惜并享受独处的时光。

最后，你还会知道该如何更好地与他人相处，并与能够完全坦诚相待的人建立至少一段有意义的人际关系。

除此之外，书中还有一些带有指南针标识的内容，这些重点标注的内容都是非常实用或重要的信息，可以像真的指南针一样为你指引前进的方向。

在本书的最后，我们还提供了一些相关资料，如果你需要进一步寻求专业帮助的话，也可以进行参考。

希望你读完本书之后，能够发现自己掌握的知识可以带来足够的支持，进而实现快乐地独处而不会感到孤独。希望那时的你既可以享受到独处的美好，也能够与他人建立多种良好的人际关系。

第一章

孤独的真相

NAVIGATING LONELINESS

什么是孤独?

总的来说，孤独就是缺乏人与人之间亲密关系的一种负面感受，它会让人感到很不舒服。造成孤独的原因包括缺乏归属感、缺乏陪伴以及缺乏社交关系。

孤单与孤独不同，孤单是客观的概念，取决于一个人有多少社会联系。而孤独则是主观的概念，它因人而异，主要是一种个人的感受。

孤独主要可以分为以下三种类型或三个层面：

◎**情绪孤独或亲密关系层面的孤独**（缺乏有意义的亲密关系，没有能够倾诉真心话的对象）

◎**社会孤独或社交关系层面的孤独**（缺乏值得信任并能够为自己提供支持的社交网络）

◎**生存性孤独或整体的孤独**（一种与他人完全脱离或分离的感受）

这三种不同的孤独分别对应三种主要的社交关系，也就是一个人社交圈的内环、中环和外环。这些不同的关系在一定程度上都可以为我们提供保护，让我们不会感受到对应的孤独。

•我们的“亲密”社交圈，也就是社交圈的内环，包括与我们关系最为亲近的一到五个人，专家一般称其为一个人的“支持团”，他们可以帮助我们抵御“情绪”上的孤独。

•“关系”层的社交圈，也就是社交圈的中环，指的是一般的朋友。根据联系频率的不同，他们可以在不同程度上帮助我们缓解“社交关系”层面的孤独。

•“整体”的社交圈，也就是社交圈的外环，指的是与我们联系较弱的人群，他们可以帮助我们应对“生存性”的孤独。

在第六章“建立良好的社交关系”中，我们会再进一步深入探讨这些不同社交关系的细节，你还可以通过练习来看一看身边的人分别属于“哪一环”，并根据自身的实际情况和经历来分辨一下，你的大部分注意力和行动都是倾注在了哪一种社交关系之中。

孤独有时与特定的情境相关，并且非常短暂。它可能会转瞬即逝，或仅出现在特定的时间（如圣诞节、周末等节假日）或特定情况下（如与好友分别等）。

孤独感也可能会长期存在——成为一种持续不断的失落感，不过它没那么强烈，与让人不舒服的 FOMO（Fear of Missing Out，害怕错过）的心理状态非常相似。这种状态指的是那种身边所有的人都受邀去参加了一个聚会，却唯独没人邀请你的情况。受到这样的冷落会诱发暂时性的孤独，当你再次体会到参与感时就会很快缓解。

简单来说，在期望的社交关系与实际社交关系之间出现认知偏差（即现实中人际关系的质量与期望中的人际关系不相符）时，我们就会感到孤独。高质量的社交可以让我们更好地工作和生活，因此这也是我们真正需要的人际关系。

> 简单来说，在期望的社交关系与实际社交关系之间出现认知偏差时，我们就会感到孤独。

因此，只要能建立应有的社交关系并深入了解自己，那么无论我们是否孤单，都不太可能会感到孤独。

孤独与独处

临街的一扇窗边，一位女士正坐在扶手椅里为书友会的慈善筹款活动织毯子，脸上带着淡淡的微笑，因为她回想起了一段美好的往事。她坐在窗边看着窗外满树的花开，内心感到非常满足。这时，电话铃响了，她放下手中的针线活，起身接起电话，听到了好友熟悉的声音。

在对面的一栋房子里有一个年轻人。他正在看一集精彩的电视剧，但他特别希望能有个人和他聊聊这部剧，最好是两个人一边喝汽水一边讨论剧情。但这是不可能的，他在这附近一个认识的人都没有，电视机是他这段时间唯一的陪伴。他翻看着手机，屏幕里出现许多人的笑脸，但他却觉得这些高清图片中的人离自己越发遥远。

在拐角处的房子里，有个男人在数着还要多久才能见到自己的孩子，因为自从离婚以后，他只能在隔周的周末与孩子见面。他的前妻现在有了新的伴侣，而他们从前的好朋友现在也都只和前妻保持来往，不再与他联系。他平时拼命工作，只盼着每两周能和孩子见上一面，而在见不到孩子也不需要工作的日子里，他就只是一边吃外卖或速食，一边看看电视。除此之外，他似乎没有动力去做任何其他事情了。事实上，他也已经忘记了自己究竟是谁。

而在两个门之外的一户人家里，一位女士正在淋浴间里啜泣。她刚刚从父母家回来，在那的时候，她说自己有希望换一份新工作，但她的父母很快又把话题转移到了眼前的困难上，其实他们从不会认真听她说话。她的女儿在离家很远的大学读书，而十几岁的儿子正在房间里戴着耳机打游戏，完全不理会其他事情。她今晚打算穿一件新衣服，但她丈夫并不会注意到这件事，因为他总是忙于自己的工作。她感觉周围的人都对自己不闻不问，尽管身边有很多朋友，但她还是会有这样的感觉。似乎没人看得到她，没人愿意听她说话，也没有人重视她。

这些人在上述场景中尽管都是独自一人，但并不全都是是孤独的。

第一位女士认为独处也很舒适。她的社交生活相对活跃，但她同时也很珍惜独处的时间，并利用这段时间做针线活、读书或思考。目前她已经退休并独居在家，有几位关系亲密的好友。她常去镇上的礼堂参加俱乐部活动，并且每周都会在当地的慈善机构做一次志愿服务。

第二位年轻人则非常渴求亲密感。浏览社交媒体让他感觉小屏幕上别人的生活更加遥远。他在整条街上一个人也不认识，而且自从一年多前离开家以来，他在单位也没有交到一个朋友。

离婚的中年男人失去了出门结交新朋友的动力，工作已经让他疲惫不堪，他只想为与孩子相聚积攒些力气。从已婚父亲到离异独居的转变让他失去了生活中很重要的东西，这让他感到无比孤独。

第二位女士有丰富的社交、家庭和工作方面的活动，这让她有些应付不过来。尽管身边总是围着很多人，她却感到了前所未有的孤独。

正如上面这些例子所描绘的那样，孤独出现的方式有很多种，而且美好的独处时光与痛苦的孤独是截然不同的。

诗人梅·萨藤曾说过：“孤独是自我的贫瘠，而独处是自我的富足。”神学家保罗·田立克也曾写道：“人们创造出‘孤独’这个词去表达独自一人时的痛苦，而又创造出‘独处’这个词去描绘独自一人时的从容。”

如果说孤独代表一种缺失，那独处则意味着自我的空间和慰藉。独处有益身心健康，我们也可以在独处时恢复精力与体力；而与此相反，长期的孤独则会摧毁一个人的身体和精神。

你可以选择什么时候一个人待着，享受属于自己的时光。对于你来说，拥有独立的时间和空间都是奢侈和愉悦的体验——但这种体验的前提就是，你内在交流的需求与归属感已经以某种方式得到了满足。

这就是关键之处，当你感受到足够多人与人之间的联系时（包括与他人的交往和与自我的交流），在这种情况下，独处才是令人愉快的体验。孤独与独处的关键区别在于：我们渴望有独处的时间，却从不会主动选择孤独，相反，很多人都对孤独感到恐惧。VICELAND[①] 在英国进行的一项普查显示，与失去住所、工作或健康相比，年轻人更害怕孤独。在另一项由美国弗吉尼亚大学的社会心理学家开展的研究中，受试者表示他们宁愿忍受一次轻微的电击，也不愿意在没有手机或其他设备的情况下独处五分钟。

> 独处而不受打扰通常是个人的选择，但没有人会主动选择孤独。

独处可以使人放松，让人有机会暂时逃离日常生活的压力。但独处时的安静同样也会可能营造出一种令人恐慌的感

① 美国一个电视频道。

觉——没有人会喜欢这样的感觉。独处的感受就取决于你的人际交往是否令你满意，以及你是否有足够的归属感。

缺乏归属感

亚伯拉罕·马斯洛的需求层次理论认为，一旦人们对于食物与居所的基本生理需求得到了满足，那接下来最重要的需求就是归属感。

能提供支持的人际关系有助于保持身心健康并找到归属感，我们可以从这样的关系中汲取营养，并感到自己有所归属。在这样的关系中，我们能够接受指引与鼓励，感受亲密与亲近，享受安全与保护，得到他人的认可与欣赏，还能够与他人共同分享兴趣爱好，并在此过程中恢复精力、积蓄力量，体会到归属感、共情和关爱。

所以我们就不难理解，为什么缺乏这种人际关系的人会觉得非常痛苦。

这种对于人际交往和归属的需求是人类本性的一部分——我们生来如此。人是社会动物，作为人类，进化的结果就是我们在群体中的时候感到最为安全，所以归属感是我们生存意义的一个核心。

因此，我们需要有人看见自己、倾听自己的心声并理解自己的想法，而如果得不到这样的关注，我们就会感觉自己失去了与他人的联系，并因此缺乏参与感与归属感。

归属感会让人很舒服，有种被接纳的感觉，而归属感的缺失则会让人没有安全感，仿佛自己是不被接纳的和可有可无的，这会让人非常痛苦。

与此同时，孤独也可能来源于没有可以信任的人，没有这种人际关系的纽带。要想真正完全信任一个人，需要两人的关系非常紧密，彼此相互理解与共情。

孤独源于亲密人际关系的缺失，而不只是身边没有人陪伴。

你有多孤独?

UCLA 孤独量表（2004 年版）

1978 年，丹尼尔·罗素博士研究出了一套衡量孤独的方法。这套方法里的量表原本包含 20 个问题，后来的研究人员对其进行了修改与精简。

量表中包含以下三个问题，分别用于衡量孤独的三个方面：人际关系，社交活动以及自我认知到的隔绝感。

针对以下每个问题，圈出最符合你实际情况的选项。

序号	问题	从不	有时	经常
1	你常感到缺少伙伴吗?	1	2	3
2	你常感到被人冷落吗?	1	2	3
3	你常感到与他人间存在隔阂吗?	1	2	3

将这三道题的得分相加，就能得到一个3～9分的最终得分。

研究人员通常将得分为3～5分的人看作是“不孤独”的，而将得分为 6 ～ 9 分的人看作是“孤独”的。

如果你的得分在 6 ～ 9 分之间，也就是测试结果显示你处于“孤独”状态的话，你可以思考一下：为什么感到缺少伙伴、被人冷落或与他人存在隔阂？这些感受是由什么造成的？你也可以在读完后面几页之后再问一问自己，书中提到的这些原因在自己身上是否也有体现。

如果有的话，又究竟是哪一条原因造成了现在的局面？随后我们再来探讨，有什么切实可行的办法可以来应对这些造成孤独的原因。

孤独的原因

要知道，孤独是很常见的情况，而缺乏归属感和人与人之间的联系是其背后的主要原因。不过，在进一步深挖之后，我们会发现，不同的环境、心理、社会和技术因素都可能会让人感到孤独。

- 环境原因：孤独通常与生活中的变动相关。分手、亲人离世、搬家或换工作都可能会导致一个人感到孤独。单亲家庭、家人关系不和或退休也会导致类似的效果。健康问题与身体伤残也同样会限制一个人出门与他人见面，进而影响社交。

• 心理原因：孤独背后的另一个原因是童年时期曾遭到来自父母或同龄人的拒绝。根据约翰·鲍比的依恋理论，不安全的依恋模式以及童年时期被拒绝的经历都会造成孤独，因为这两者会导致信任的缺失，从而阻碍社交技能的发展。这样一来，一个人长期的羞怯和对社交的焦虑就会不断加深，让他宁愿选择孤立也不愿与人交往。

• 社会原因：影响面较为广泛的社会变化也会影响到人们的孤独感。失业率的上升以及居家办公的趋势都把人们的活动限制在了自己的家里，减少了与同事之间的交流。与此同时，社团和社区活动的参与人数也越来越少。

• 技术原因：人们在虚拟世界交流的技术越发达，人与人之间实际的交往就越少。有了现在这些先进的技术，我们无须与其他人有太多交流就能完成很多工作，从线上购物到自助结账，我们甚至全程都不必和收银员讲话。矛盾的是，尽管不断扩大的社交网络和移动设备让人们在虚拟世界有了更多的联系，但在现实生活中，我们与家人和朋友面对面交流的时间却变得越来越少。

社交媒体？无社交媒体？

社交网络究竟是会促进还是会阻碍人与人之间的联系，主要取决于我们如何去使用它。如果我们通过社交网络来建立新的人际关系，同时维护和深化已有的人际关系，从而丰富实际生活中的社交活动，那社交网络其实可以帮助减少孤独感。而且，研究人员认为，这一点在善于社交的人的身上表现得更加明显。

此外，社交媒体还可以帮助内向的人练习社交技能，因为屏幕后面的空间是非常安全的，但这样的社交不应该取代真正的面对面的交流。事实上，如果人们用社交媒体来逃避线下的人际交往，那它就会“取代现实中的社交活动”，进而让人感到更加孤独。

同样，当消息提示音打断现实中的交流，并让一个人把注意力从实际的对话转移到其他事情上时，就会造成交流的中断。匹兹堡大学心理学家的研究表明：

在社交媒体上花的时间越多，就越有可能会感受到被周围人孤立。

这样一来，社交网络对人与人之间的联系的作用看起来就变得很矛盾。

它可以助长“对比与绝望”的心态，也就是那种感觉其他人都过得更好，社交活动也更加丰富的虚假印象，而这也会助长自己的嫉妒和孤独感。但与此同时，社交媒体也为我们创造了更多机会，可以接触到世界各地与我们志同道合的人，也可以找到海量资源帮助我们应对由孤独引发的焦虑和抑郁情绪。

尽管社交媒体上的网友可以提供鼓励，满足我们对于被看到、被理解和被重视的部分需求，但如果这些网友不来找我们聊天或留言，我们就会有更强烈的不安全感，并认为自己无足轻重。

社交媒体还使得我们即便在独处的时候，也感觉自己需要随时去查看其他人的消息，而这会削弱你与自己交流的能力。不停地低头看手机会影响我们对社交细节的把握和对同理心的掌握——而这两者都是真正的社交关系所必不可少的部分。

那么，社交媒体究竟是会促进还是会破坏人际交往呢？发表在美国心理协会期刊上的研究报告表明，社交技能越强的人越有可能从社交媒体中获益，而社交能力较弱的人在使用社交媒体时则会有自卑和被孤立的感觉。

这就说明，导致孤独的原因并不只是缺乏社交联系，还包括缺乏能够促进这种联系的工具和技能。因此，学习如何更好地与他人建立社交关系是重中之重（详见第六章）。

第二章

重新认识孤独

NAVIGATING LONELINESS

作为惩罚的隔离行为

对小孩子来说，隔离或孤立通常被用作一种惩罚的手段，所以关于孤独的经历往往都是负面的。对于犯错误的小孩，家长或老师可能会让他去“反思角”或回到自己的房间，也就是将他从原来的环境中暂时隔离，让他能够独自反思自己的所作所为。

在学校也一样，犯错的孩子可能会被要求独自待在一个房间里，无法和同学一起上课学习。另外，单独拘禁也是监狱中最高级别的惩罚。因此，我们就很容易理解，为什么总是有一种耻辱感围绕着孤独。从很小的时候开始，我们就明白了，独处的时间就意味着不快乐的时间。

而与此同时，团结一直是为人们所提倡和鼓励的。社会对我们的期望就是从自己的家庭进入学校，然后再进入工作单位，并组建自己的家庭。人们常常把结交朋友和找到伴侣看作人生的终极目标，或是真正获得满足的唯一途径。的确，人际关系对全人类的生存和福祉都非常重要，但是却从来没有人告诉过我们适当的独处也同样重要，以及独处对我们的身心健康究竟有什么帮助。

同样，也从来没有人告诉过我们独处的重要意义：花一些时间独处的孩子可以有机会学习自力更生，悦纳自己，并且能够在面对挑战时勇往直前，而不是下意识地寻求帮助。

因此，我们现在应当考虑的问题就是，该如何重新看待和定义独处。

对孤独的忌讳

英国的“终结孤独运动”[①]显示，西方国家有五分之一

① The Campaign to End Loneliness，由英国国家彩票机构支持创办的机构，旨在为感到孤独的全年龄段的人们提供帮助。

的人自述感到孤独，但其中的三分之二都认为这种对孤独的自我表达是很不舒服的。很多孤独的人并不会公开谈及这件事，而是会选择隐瞒，也就是说，人们似乎很不愿意谈论孤独。其实，我们越多地去谈论孤独，就越能看到它是大多数人身上的情况，那么，关于孤独的忌讳也就会越少。

“不合群的人”这个说法的负面含义也强化了对孤独的忌讳。“不合群的人”被看作社会上的失败者，或是没有朋友的内向隐居者，他们把自己隐藏起来——或是出于选择避免与他人接触，或是由于社会对他们的排斥。不管怎么说，这种被抛弃的感觉让人唯恐避之不及。

因此，为了避免羞耻和尴尬，人们可能不愿意说出自己感到孤独，这就让人觉得孤独应该是个秘密，是需要“承认”或“坦白”的一个真相。所以我们会选择什么都不说，自己去消化这个感受。我们不想被贴上“孤独”的标签，但同时，基于我们对归属感的渴望，以及对受欢迎程度的高度重视，孤独的感觉就像是在承认自己不受欢迎，承认自己的失败。

然而是否孤独与受欢迎程度无关，我们知道，拥有几个好朋友比拥有很多关系一般的朋友更重要，更能为我们的身心健康带来积极的影响。但是这种对孤独的恐惧和随之而来的沉默意味着很多人会错过得到帮助的机会，所以只能继续忍受孤独。

重新理解孤独

围绕着孤独的羞耻感有很多不同的原因——一方面是自身的恐惧，即如果自己感到孤独，这意味着自己可能是不合群的人，以及别人会用异样的眼光看待我们；另一方面则是自身的不安全感和社交失败者的这种身份标签。那么，我们可以改变对孤独的看法吗？

我们是不是可以告诉孩子们，在独处的时间里，我们也可以有很大的收获？很多伟大的发明创造都诞生于人们独处的时间。我们是不是可以重新设计“反思角”以充分利用这种反思方式，而不让孤立作为一种惩罚的手段？

我们是不是可以更公开地谈论孤独？只有当我们能够更轻松从容地讨论这个话题的时候，才会承认孤独是我们谈论越来越多的心理健康问题中的一个部分，从而消除与此相关的耻辱感。

我们是不是还可以改变谈论孤独的方式？与其说是“承认”自己感到孤独或“遭受”孤独，并将其等同于社交上的失败，不如提醒自己，孤独是非常正常的，是我们的需求未得到满足时的一种反应。感到孤独也并没有什么不妥，我们可以将孤独正常化，因为孤独的感受不是非黑即白的，我们每个人都有不同程度的孤独。

我们是不是可以把孤独感看作一个有用的信号，提醒我们注意人际关系方面的缺失，要及时采取措施与他人沟通交流，进而填补这一方面的空白？

将孤独作为一种信号

进化学家一直认为，孤独如同饥饿和口渴一样，已经发展成为一种自适应信号，推动我们从古至今作为一个物种的繁衍和生存，同时在彼此间建立社会关系，密切交往。

长期以来，部落、家庭和夫妻关系都一直给我们提供生存所需的保护和帮助，让我们习惯于结伴而行。在进化的过程中，早期的人类如果离开自己的部落就会处于非常不利的地位，因此失去社交关系也可能会危及性命。这就导致孤独演化成了一个警告：让人类尽快重新融入集体，从而生存下去。

从这种进化的角度来看待孤独，可以改变很多事情。

当我们说“我饿了”或“我渴了”的时候，并不会感到羞耻，但当我们说“我很孤独”的时候，就可能会感到羞耻。然而，孤独和饥饿与口渴一样，只是一种感觉，表明我们缺乏人际交往所带来的营养。

通过这种方式，我们可以重新将孤独看作一个有帮助的警示信号，引导我们运用简单易行的做法来解决问题，从而更好地生存、更好地与他人交往。这样一来，我们就可以不再把孤独看作让人感到羞愧或尴尬的事情，而是一种进化所需的推动力，指引我们寻找生活中缺失的部分。

孤独是一种什么样的感受

我必须经常独处。如果从周六晚上到周一早上都可以独自待在公寓的话，我会感到非常开心，因为这是我补充能量的一种方式。

——奥黛丽·赫本

你可能感觉与他人相处会耗尽你的能量，但在独处一段时间后又能恢复活力。同样也有相反的情况，你可能在参与社交活动时感到精力充沛，而在独处一段时间后又疲惫不堪。

你甚至可能同时经历这两种情况，主要取决于你在和什么人相处以及你有多少精力，而有很多因素都可以影响你独处时的感受。

生长环境和遗传基因都会在一定程度上影响一个人的气质和对孤独的感受。与此同时，大脑中能够刺激新皮质的多巴胺水平也会带来相应的影响——新皮质是大脑中负责逻辑思维和语言的一个部分。

多巴胺是一种会让人感觉良好的化学物质，如果你天生体内多巴胺水平较低的话，可能就会觉得生活不够刺激，常感到无聊乏味，因此也就更乐于寻求社交互动。相反，如果你体内的多巴胺水平天生就比较高，那可能外界的刺激常会让你觉得喘不过气，因此会尽量避免这样的刺激，并倾向于选择享受独处的安静时光。

但造成这种差异的不仅仅是激素，我们每个人都会以不同的方式解读孤独，这取决于我们的年龄、性格、对他人的依赖程度以及生活方式。

我们可以评估一下，孤独会给你带来什么样的感觉，以及为什么你会有这样的感觉。例如：

• 你是否需要持续性的陪伴，从而逃避抑郁、焦虑，或自卑的感受？

• 你寻求陪伴是不是因为独处时间过长，或缺乏人际支持的时候会被自己的想法所困扰？

• 孤独是否会让你感到不安和焦虑，而非放松和休息？

• 孤独是否让你感到自己毫无价值，被人抛弃，而不是快乐和自由？还是说你非常喜欢有独处的时间，喜欢无拘无束地做自己喜欢的事，享受自由自在的时光？

• 在参加聚会或去餐厅时，如果没有熟识的人陪伴，你是否会觉得自己一个人的状态不太自在？这是不是因为某种社会期待，或是害怕周围其他人看待你的眼光？

知道孤独会让你有什么样的感受并了解背后的原因非常重要，因为这是你前进的第一步。

同样，孤独持续的时长也很重要。

你可能会觉得自己待着也挺舒服的，只要时间不会太长就好。几个晚上的独处完全可以忍受，甚至让人乐在其中，但时间再长的话可能就会引发孤独了。这就是值得关注的地方——找到适合自己的平衡。或许你并不执着于见面聊天，只需要定期和朋友通个电话就可以缓解孤独，但如果没有人可以通电话，你可能就会觉得自己陷入孤独无法自拔。如果真的是这样，那你是否可以安排一下，尽量与关系好的人定期通个电话呢？

你也可能是一个需要定期进行社交活动的人，大部分日子里都会去酒吧或健身房，因为那种不间断的陪伴和交谈对你来说很有吸引力，也让你感到非常舒服。这样一来，你就会越来越依赖这种频繁的社交，并在独处的时候感到很孤独。

也有这种可能，当日程本上有一些明确的安排时（例如与好友每月一起吃顿早午餐或晚餐，或是有人定期通过即时通信软件给你发消息），你就可以享受独处。但是，如果日程本上空空如也，发出的消息也没有回音，这时的你就会感到被孤立和孤独了。

试想一下，如果几天不与任何人见面或交谈，你会有什么感觉？过多的社交活动是否让你感到不堪重负？还是说，缺乏社交活动反而会给你的情绪带来负面影响？什么程度的社交对你来说比较合适？在充分的社交与充足的独处时间之间，什么状态是最完美的平衡点？还是说一想到要自己度过一段时光，就很容易出现负面情绪？

回答这些问题可以让你在独处与社交之间找到平衡，从而更好地安排和利用时间，把精力花在最重要的事情上（在第四章关于自我对话的部分，我们还会进一步探讨这个问题）。

孤独其实是一种独立。

——赫尔曼·黑塞

一个人对孤独的感受程度也在一定程度上取决于自己是否依赖他人。如果你是个很独立的人，那可能就会比一个依赖性很强的人更容易度过独处的时间。如果你很喜欢帮助别人，那可能就很需要那种被人需要的感觉。因此，在身边没有那么多人的时候，你就会觉得很空虚。而在周围总是有很多人的情况下，你也可能会想要逃离，但或许，你还是希望能有一些更深层次的陪伴？

因此，独处究竟是一方净土还是万丈深渊，取决于你的思维方式、性格脾气和个人的偏好。

独身一族：独自生活的一群人

在一些文化中，孤独已经成为一种积极的流行生活方式。在韩国，现在单身家庭的数量已经超过了多人家庭的数量，而那些奉行独身主义的人们还有自己的标签和名称：Honjok，也就是hon（孤独）和jok（部落）这两个词的混合体。

对于独身一族来说，他们对孤独的态度是欣赏并追求，而非反对与拒绝。独身文化的发展非常迅速，因此，很多餐厅和活动场所都增加了单人座位的数量。

不止韩国，现在全球各地越来越多的人选择保持单身。这种独身一族的生活方式仿佛一种解毒剂，缓解了快节奏城市生活中过度社交带来的压力。

独身一族可以自由选择去哪里和做什么，而不必考虑其他人的需求、想法或饮食习惯，过着随心所欲的生活。他们在生活中也更注重自我实现，拒绝接受社会中来自婚姻、家庭和事业的压力与期待，选择毫不妥协地享受自己喜欢的生活。

正如独身一族所证明的那样，与社交和参与相比，抽离与独处也可以带来好处。

在韩国，现在单身家庭的数量已经超过了多人家庭的数量。

看法的转变

有一点值得庆幸，那就是我们比想象中更能够掌控自己对孤独的反应。而且，即便孤独是一种不得已的选择或是非常负面的经历（如被抛弃、被遗弃，或是需要逃离对自己有害的关系时发现自己无依无靠），你也可以去探索独处的益处。它可以给你带来滋养与动力，改善你与他人的关系，从而扭转孤独时的感受。

与其对抗孤独，倒不如接受它，并用想法和计划来填充这种感觉。你可以用高效的工作学习或爱意来让生活变得更加充实。一旦你能够感受到孤独带来的益处，它就会转变为高质量的独处时光。在本书的第三章中，我们将进一步探讨如何不再恐惧孤独，并将其看作一种休养生息的选择。

阿尔伯特·爱因斯坦曾经说过："我孤寂地活着，年轻时痛苦万分，而在成熟之年里却甘之如饴。"

我们可能需要付出很多努力，才能以这样的态度直面孤独。特里·韦特在 20 世纪 80 年代初被劫为人质，独自一人熬过了五年的时光，他告诉我："要想轻松自如地独处，并习惯孤身一人的生活，需要花上不少的时间。"

特里说："虽然我花了很长时间才适应了那种被监禁的生活，但是，五年之后的现在，我其实已经习惯了，而且也学会了该如何应对那种情形……开始的时候我也很痛苦，特别是在已经习惯与他人有各种各样的联系之后，这种感觉就更加难以忍受。但后来，我知道了怎样享受自己的陪伴，这是很有意义的。"

千里之行，始于足下，让我们一起开始下一步的探索吧。

第三章

享受独处　拥抱孤独

NAVIGATING LONELINESS

当你身陷孤独或黑暗，我希望可以让你看见，你自己生命的迷人光芒。

——哈菲兹

无须成为僧侣，也可以追求独处；无须成为隐士，也可以享受孤独。

——里奥·巴伯塔

将独处看作机遇

想象一下，或许在你感到孤独时，你不会感到空虚、被人遗忘、无人在意，而会感觉良好、充满活力、富有成就感。

孤独其实可以带来积极正面的感受，因为它能够创造机会，让我们专注于自己本身。孤独意味着你有时间、空间和自由，远离喧嚣，思考并营造自己想要的生活，不断反思、创造和学习。因此，孤独的状态并不一定是消极负面的，要想掌握独处的积极力量，就要认识到一点：独处不是自己生活，而是和自己一起生活。

要想掌握独处的积极力量，就要认识到一点：独处不是自己生活，而是和自己一起生活。

如果能够把独处看作一种逃离俗世喧嚣、休憩放松的机会，那我们就能更珍惜并利用独处的时间，而不是对其感到恐惧并试图逃避。

美国作家爱丽丝在《孤独的车站》中写道：“独处的状态意味着积极的孤独……你可以奢侈地沉浸在自己想做的事情当中，充分体会自己的感受，而不会注意到他人的缺席。这是因为，独处是一种成就。”

从在独自一人时感到孤独到充分享受独处的慰藉，这中间需要花很多时间和精力。接下来，我们就来看看独处都有什么好处吧。

我真的，真的非常地享受独处。

——埃德加·艾伦·坡

独处的益处

独处可以让我们：

1. 遵从自己的内心

2. 专注于当下

3. 做真实的自己

4. 和自己建立联系

5. 有机会去权衡利弊

6. 畅想并规划未来

7. 增强创造力

我喜欢独处，我从未遇到过比孤独更好的伴侣。

——亨利·戴维·梭罗

1. 遵从自己的内心

在没有人占用你的时间和精力的时候，你会感到非常舒服，也非常自由。在不受制于任何人的情况下，你可以完全掌控自己的时间，随心所欲做自己想做的事而不会受到打扰。

这听起来好像很自私，但如果你在生活中总是把其他人放在第一位的话，那就很需要花些时间来照顾自己，这可以让自己更好地恢复精力。

其实，你越是能照顾好自己，就越能在他人有需要的时候照顾好他人。就像一只空杯子是无论如何也倒不出水来的，因此，花些时间去做让自己感觉良好的事情吧，这可以让你“填满自己的杯子”。

一个人待着的时候，就像是中场休息的时间，可以让自己恢复能量。在这个时候，你不必去和任何人交谈或是做自己不感兴趣的事，因而也就可以放松下来，给自己充充电。

独处是生活的加油站。

——伊斯特·布霍兹

练　习

选择滋养自己的方式

很多时候，人们都是在花时间麻木自己而不是滋养自己——比如说沉迷追剧或一些社交媒体。但这些活动并不一定对我们有益。因此，我们需要认真考虑，什么样的活动能够真正让自己恢复精力，也就是说，哪些做法真的能“填满自己的杯子”。

• 列出两张清单。在第一张清单中，列出一些自我治愈的方法和你享受的事情。也就是说，假如能休一天假，想做什么都可以，但必须选择那些能让自己身心愉悦的治愈性活动，你会选择做什么呢？你会如何度过这段属于自己的时光呢？例如，你可以选择享受一个超长时间的泡泡浴，或是坐在舒服的椅子上一边品茶一边读一本好书。又或者你可能更喜欢去大自然中散步，去游个泳，或是画一幅水彩画。我们对这张列表的唯一要求就是，列出的活动必须让你感到放松、治愈并且更加有活力，而不会让你变得麻木，无谓地消耗体力。（所以，不要写类似沉迷社交媒体，看电视、电影，或是大吃大喝之类的活动。）

• 在第二张清单中，要想想什么事情能激发你的兴趣。你想学习什么知识或想在哪些方面做出进步？列出各种有助于个人成长的活动，比如看一期引人深思的TED演讲，听一听感兴趣的有声读物，学习演奏一种乐器，尝试做一道新菜，或在窗台上种一些绿植，等等。

• 从上面这两张清单中选择七项活动，最好是四项到五项来自第一张清单，剩下的来自第二张清单。把这些活动写在便利贴或卡片上。（如果你的清单上有很多活动，可以留一些下次再用；如果活动的数量不到七项的话，就先把已想到的写出来，并在床边放个笔记本，想到新的活动随时记录下来。）

• 把便利贴或卡片贴在镜子、冰箱或任何可以经常看到的地方。

• 每当有可以独处的闲暇时光，就用这段时间来完成一项列表中的活动。这样的话，你就会养成习惯，用独处的时间让自己更加快乐，同时不断成长。

2. 专注于当下

生命是由一个个时刻所构成的。然而，我们总是太忙或被他人分散了注意力，而无法真正专注于此时此刻。在独处时，你可以有意识地更加关注正在做的事以及周围的世界。例如：在没有人和你聊天的情况下，你会更容易得到享受一顿美味佳肴或一次丛林漫步的机会。

在很多时候，我们都是在给自己设置障碍，影响自己对当下的感受。总是会纠结于以前说过的话和做过的事，或是担忧未来可能发生的情况，而无法专注于眼前。我们要么在反刍对过去的遗憾，要么在焦虑地计划未来，但这些都让我们脱离了眼前发生的事情，无法踏踏实实地享受生命中的每一个时刻。

此外，我们的生活就和思绪一样，充斥着无穷无尽的待办事项，并持续性地承受着很大的压力。大多数人要么像梦游一般生活，从不注意眼前发生了什么；要么是忙完一件事就紧接着去忙另一件事，没有时间停下来品味生活。

独自一人时更容易练习正念。因此，独处可以让我们更好地集中精力完成手头的工作而不会分心，这样的高效工作带来的一个结果就是，我们可以有更多的时间和机会暂停下来，重新审视当下的生活。

更重要的是，独处时的平静可以让我们变得更加敏锐，因而能够注意到平时会忽视的细节，欣赏到平凡生活中的美好，并在凡尘俗事中找到隐藏的快乐——比如院子里随风飘动的树叶，阳光在墙上投下不断变幻的阴影，或是一只不停地舔爪子的小猫咪。

正念不仅有助于缓解焦虑和压力，也可以让我们更好地了解自己并融入周边的环境。独自一人时，我们可以更好地调整身体的节律，同时注意到自己的身体在不同时候会有什么不同的感觉，这样就更能清楚地知道，何时该去吃饭、小憩、睡觉或创作。

正念还可以帮助我们更快适应周围的变化节奏，感受到自己是这个世界的一部分，与这个广阔的天地有特殊的关系。

走进大自然可以带来精神和身体上的抚慰。目前已经有研究证明，在林间散步可以帮助降低血压、心率和皮质醇（也被称为压力荷尔蒙）的分泌。日本的森林浴也因此在全世界广受欢迎。

在无人陪伴的情况下，大自然本身就可以承担同伴的角色——它永远不会让我们失望，从不会打扰我们，总是安静地陪在我们身边，保护我们的健康，令人赞叹又让人敬畏。在你需要应对生活中的变化的时候，这种感觉尤为治愈。因为季节的变换可以提醒我们，世间万物都在不断前进，变化是自然的一部分。也就是说，一切都会过去，孤独也会过去。

根据倡议，现在全世界的医生都可以开具在自然环境中散步的处方，用以改善患者的身心健康并提升幸福感。

练 习

感官觉察

这个感官方面的练习可以让我们更好地专注于当下。练习的时候，你可以坐下来观察周围的世界，也可以在户外一边散步一边练习。

首先，看一看周围的环境，并在脑海中列出此时此刻能看到的五样事物。

其次，分辨出你能听到的四种声音，例如鸟儿的歌声或车辆在雨中行驶的声音。

再次，列举三种你能感受到的物品的感觉，例如衣服接触皮肤的感觉，微风吹拂头发的感觉或是坐在木椅上的感觉。

复次，列出你能闻到的两种味道，例如割草后的味道或衣服上柔顺剂的气味。

最后，回忆一种你品尝到的味道，例如牙膏或面包的味道。

这个练习通过分别调动五种感官来帮助你调节对当前时刻的感官意识。而且在练习过程中，计数也是一种认知工具，让大脑从感性思考的状态转换为逻辑思考的状态，从而改变先前的思维模式，并让你专注于当下。

完成练习之后，可以停下来思考一下，自己是不是对周围的环境、自己的身体和当下这个时刻都有了更好的了解和感知。只要你感觉自己无法把注意力集中于“当下”，就可以随时开始这个感官觉察的练习，而且做得越多就会越熟练。

3. 做真实的自己

独自一人的时候，你可以做回最真实的自己。在周围没有别人的情况下，我们可以卸下伪装，尽情做自己。

独处能够让我们自由地展现最真实的一面，而无须时时保持勇敢的微笑或掩盖自己的真实感受，也不必为了迎合周围人的期待而做出改变。

远离外界的影响，你才能有机会倾听自己内心的声音。在群体之外独立思考时，你才会更加清晰地知道自己究竟相信什么，想表达什么，支持什么。也就是说，独处可以让你以更加敏锐独到的角度观察这个世界，找到自己的视角而不受外界的打扰。

这一点尤为重要，在当今社会中，每个人都背负了太多期望，这些期望总会让人感到不自信。每个人都在不同程度上感觉自己做得“还不够好”，这种期望的枷锁推着我们要变得更苗条、更漂亮、更聪明、更友善……但在独处的时候，你可以完全地接受真实的自己，没有任何人会对你横加评判。

这是一种非常自由的感觉，特别是当你逃离了一种对自己有害无利的处境，并主动选择了独处时，就更会对这种自由深有体会。如果你认为有害的人际关系比孤独更加可怕，那么可以自由做自己的过程也会是非常治愈的。有多少人就是因为害怕孤独，而宁愿被困在可怕的人际关系中呢？当他们能够意识到独处为日后成长带来的益处时，一定会对他们的生活产生很大的影响。

掩盖真实的自己只会加深与他人的隔阂，而你花在自己身上的时间越多，就越能接受真实的自己，也越容易让外界认识这样的自己。

在独处的时间里，你可以重新审视自己的价值与优势，并在未来的生活中对它们加以利用。

你所珍视的价值观和你的独特优势决定了你是什么样的人以及你最在意的是什么，并为你的生命赋予意义。如果你在生活中能够践行你的价值观并发挥自己的优势，那就更容易自信地向外部世界展示真实的自我。假如你是一个重视诚信并且充满勇气的人，那么在工作中被那些徇私舞弊的人所包围的话你就会感到非常气愤，也会在自己价值观和勇气的推动下，勇敢地找到一个同事们都像你一样重视诚信的新单位。又或者，假如你非常看重公平公正，同时你的一个优势是热爱学习，那么你就可以参加一个关于工作场所多样性的课程，并积极为此发出倡议，从而真正做到将价值观与优势结合起来。

性格优势与技能、天赋或才华不同，它是构成你个人天性的特质，会在生活中指导你的思想和行动。例如，做事有条理或善于沟通是技能，精通绘画属于天赋，喜欢并享受绘画则可以算是一种才华或热爱，而性格优势指的则是创造力、好奇心、诚实、毅力、善良和谦逊等特质。

亚里士多德认为，我们的行为越符合性格，就越能成为更好的人。因此，我们真的应该在独自一人时，好好想一想自己的性格优势到底是什么，这样才能够在与人交往时，更加自信地做真实的自己。

练 习

发现自己独特的优势与价值

经过几十年的研究，积极心理学的两位奠基人，马丁·塞里格曼教授和尼尔·迈尔森博士共同创造出了一种方法对人们的24种突出优势进行了排序，并由此开发出一套经过科学验证的VIA（行动价值）优势测评。这是一个免费的在线测试，在回答完120个问题后，就可以得到非常准确的结果，即按顺序列出我们的突出优势分别是什么。

• 访问 www.viacharacter.org 并完成测试，从而了解自己最突出的五个优势是什么。其中可能包含“保持希望”“忠诚”“幽默”“领导力”“创造力”“热情”。

• 在笔记本或日记本上列出自己的五大优势，也可以发挥创意，以花体字或书法的形式写下这些文字，甚至把它们做成配图的卡片并贴在墙上。

• 知道了自己的突出优势是什么之后，你要试着在以后发挥这些优势的时候多加留意。在每天晚上你都可以回想一下这天的所作所为，并且记录下来自己在什么地方以什么方式发挥了自己的优势。来自中国的一项研究表明，这样的练习可以提升人们对生活的满意度。

• 除此之外，你也可以写下几个肯定自己最大优势的语句，比如：“我很有创造力，总是能够以开放的心态去尝试解决问题的不同方法。”“我非常乐观，总是对未来充满希望，并且会通过努力创造出真正美好的未来。”把这些语句放在你经常看到的地方，尽量多地把它们大声朗读或在脑海中默读出来。

一个人的价值观取决于他最在意的东西。价值观就像我们内心的一个指南针，指引我们在日常生活中做出不同的决定，也让我们能够用独特的视角看待这个世界，同时向外界展示真实的自己。下面这些问题可以帮助你评估自己的价值观，尽管这些问题都比较宽泛，你也并不需要一次性就把所有问题都回答出来（而且你的答案也有可能随着时间的推移而发生变化），但它们可以让你知道，你现在最应该注意的是哪些方面。

• 对你来说，什么样的品格最重要？你会培养孩子的哪些品质？你希望自己的一生能体现出哪些品格？（例如友善、公正、勤奋、诚实、谦虚等。）你为什么认为这些品格非常重要？想一想，你选出这些品质是因为文化或家教的潜移默化，还是你个人一直在践行这些品质？如果是后者的话，那这些品质对于你真实的自我就会有很重要的影响。

• 对你来说，什么事情有独特的意义？做一个称职的父母、兄弟姐妹或朋友？为人友善？乐于助人，常常照顾他人？为他人提供支持？为了做到这些，你还能付出哪些努力呢？可能是在回应家人之前，先停下来好好想想该说什么；又或是加入一个小组去支持你关注的某项活动。

• 你认为自己做哪些事情是受到压力迫使？把你“应该做的”事列出来。例如，“我觉得我应该穿深色的商务装，这样才能看起来更专业，但其实我更喜欢穿浅色系的休闲装”。或是“我觉得我应该低调一点，这样才能更好地融入集体”。写出你该如何遵循自己的喜好和选择、如何发扬自己的个性，而不是一味去做你认为你应该做的事情，然后坚定地慢慢将自己的全部自我展现给他人。例如，如果你穿了深色的衣服是因为你觉得“应该”这么做，那就可以搭配上暖色的围巾或亮眼的饰品。

如果你的行为与价值观相符，就可以做真实的自己，但其实我们很容易忽视自己的核心价值观。你对上述问题的回答可以让你重新审视自己最重视的事物，在这个基础上，你就可以找到内心的指南针，在日常生活中时时刻刻为自己的言行指引方向。这样一来，你就可以根据自己的价值观做出清晰的判断，更好地展示真实的自我，而不是在外部因素的影响下做出“应该”的行为。

4. 和自己建立联系

独处不仅可以让你有机会做真实的自己，还可以让你更深入地了解自己。了解自己的优势和价值观是一个好的开始，而明白自己想要什么和需要什么则是完全不同的思路。

当有很多人围在你身边的时候，他们通常都是想从你身上获取一些东西。独处的时候你可以想一想，你想要的和需要的到底是什么，哪些能够帮助你成长，以及目前都有哪些障碍。独自一人的状态下，你可以自由地去探索你最珍视的东西是什么，你进步的动力是什么，你快乐和不快乐的源泉又分别是什么。还可以想一想，你在生活中有哪些如意或不如意的事情，从而厘清思路、对生活有更深入的思考。对于上述这些问题，你可以在内心深处找到全部答案，同时也能够更加清晰地理解事物背后的意义。

在向内寻找自我的过程中，你对于自己的真实状态会越来越自信，变得越来越从容，这是因为独处可以让你更清楚地知道自己究竟擅长什么。

全球疫情暴发初期，特里·韦特曾告诉我怎样才能充分利用这段没有外人打扰的时光：“我发现自己有一些天赋和能力，比如写作，这些都是我以前从未注意过的，我想只有独处的状态才能激发这些能力。”

独处也让我们有机会去做一些感兴趣的事，去提高某项技能或学习感兴趣的知识。也就是说，独处的状态有助于我们不断进行自我提升。

我们需要独处。因为独自一人时我们无须对他人负责，也无须进行伪装，进而能够听见自己内心的声音。

——塔米姆·安萨里

在独处的时候，我们可以在脑海中推演事物发展的各种可能性，权衡利弊，从而在深思熟虑后做出明智的决定。因此，与身处人群之中相比，独处时我们的思路会更加清晰。

阿尔伯特·爱因斯坦曾说过："直觉是人类庄严的天赋，理性只是人类有用的工具。我们却造就了一个歌颂工具而遗忘天赋的社会。"冥想和深思让我们可以更好地追随自己的直觉或"内在的知觉"。

练 习

保持静默 追寻内在的知觉

• 找一个安静的地方，确保不会有人打扰；设定一个15分钟的闹铃，最好把闹铃的声音设置为轻柔的铃声。

• 以一种舒适的姿势坐在椅子或地上的软垫上，身体坐直，双手轻轻放在大腿上。如果你觉得躺下来更舒服的话，也可以采取卧姿完成练习。

• 目光向下或轻闭双眼——选择你最舒服的状态即可。

• 缓缓用鼻子吸气，同时默数三个数，然后屏住呼吸，同时默数三个数，最后用嘴呼气，同时默数四个数。通过延长呼气时间，呼出更多气体，从而让身体能够进行更深入的呼吸。

• 吸气和呼气的同时，把自己的注意力集中在每一次呼吸的过程上。

• 如果你发现自己走神了，也不要批评或埋怨自己，只需重新集中注意力并感受每一次缓慢但深入的呼吸。要记得，这次冥想并不是要你清空大脑中的思绪，而是练习在精力不集中的时候重新把注意力拉回到呼吸的过程上。这个简单的呼吸练习可以帮助你更好地关注当下，关注自己的身体。

• 接下来，我们将手置于胸口，缓慢地呼吸几次，尝试追寻自己的“直觉”（有时也被称作“高我”）。注意力集中在眉心，这里是松果体的位置，它与我们的直觉相关，有时也被称为“第三只眼”。

• 问自己一个近期迫切想找到答案的问题，这个问题最好可以用“是”或“否”来回答，并且看看自己能不能听到内心坚定的答案。如果你总是会想到其他人的观点，就将注意力放回到呼吸上，然后再问自己一遍同样的问题。

• 慢慢睁开眼睛，舒展双臂。双手合十，最后做一次深呼吸，然后结束此次练习。

如果对上面的这套流程还不是很熟悉，你也可以跟随预先录制好的冥想引导词进行冥想练习。很多不同的手机应用程序都可以提供这种引导，视频网站上也同样可以找到相关的内容，而且这些引导词通常都配有舒缓放松的背景音乐。

练　习

找到你的心之所向和心之所恶

对自己有更深入的了解可以让你在生活中做出正确的决定，并在独处时更加舒适。尝试在冥想后回答下面这些问题，并将答案写在本子上。

- 你最喜欢做什么，为什么？
- 你对什么事情心怀感恩？
- 如果无论你做什么都能成功，那么你最想尝试去做什么？
- 有什么你热爱的事情，是哪怕可能失败也愿意去尝试的？
- 有什么你享受的事情，是你经常会沉浸其中，甚至忘记时间的？
- 你最喜欢什么样的地方？
- 对你来说，哪种活动最消耗精力？

基于对上述问题的回答，你觉得哪些事情值得多投入时间？哪些事情应该少花时间，或是让更喜欢这些事的人去做呢？你又应该多去什么样的地方呢？

接下来继续回答下面的问题。

• 什么样的行为或话语会让你惹上麻烦或激怒其他人？

• 什么事会让你做出激烈的回应？你的回应又是基于什么价值观？（当我们的价值观受到侵犯或挑战时，我们通常都会有所回应。例如，如果一个人非常重视公平和公正，那他可能会在被误解的时候非常激烈地为自己辩驳。）

基于对上述问题的回答，你觉得可以从哪些方面着手，来改变自己在某些场合的做法呢？

孤独是所有自我觉知的核心。只有在独处的时候，我们才能学会辨别真实与虚假，以及琐碎的事与重要的事。

——佚名

5. 有机会去权衡利弊

为了更好地了解世界，人们有时候必须要将自己从世界中抽离。

——阿尔贝·加缪

花时间独自深思听起来可能有点吓人。在没有他人陪伴的情况下，我们只能与自己脑海中的焦虑情绪和价值判断为伴，很多时候，这种感觉都不是很舒服的。

然而，独处让我们有一定的隐私空间去解决自己的问题，直面心魔。将问题掩盖起来的做法对谁都没有好处。

独处让我们有一定的隐私空间去解决自己的问题，直面心魔。将问题掩盖起来的做法对谁都没有好处。

我们在独处时可以回味并释放最为私密的情绪。即使是在与朋友相处时，你可能也无法完全敞开心扉，只能片面地讨论那些困扰自己的问题。而且在公共场合，我们或多或少都会觉得完全释放情绪有些不合时宜。独自一人时我们则可以完全沉浸在自己的情绪当中，毫无保留地宣泄所有的情绪，无须再有一丝一毫的压抑与克制。

哭泣也是有好处的。它可以降低血压。眼泪还可以带走体内的毒素，同时防止皮质醇等压力荷尔蒙在体内不断累积。

独自一人时，你可以深入地体会自己的感受，找出自己前行路上的阻碍，了解该做出哪些改变让自己感觉更好。

你可以想一想自己曾犯过的错误，从中总结出相关的经验。同时也要原谅自己和其他人，放下过去，继续前行。

你也可以花些时间，与内心深处反对的声音对话，质疑并压制脑海中那些负面的想法，与此同时，你要对自己的想法进行判断，找到证据去反驳错误的旧观念，对那些负面的、不准确的信念进行重构。

此外还可以给自己安排专门的“烦恼时间”，这是心理学家为那些受到焦虑困扰的人提供的一种方法。（我们在后面部分再来详细聊这方面的内容。）

归根结底，独处可以提供非常宝贵的机会让我们深入了解一件事可能带来的负面影响，并在完成任务后对其积极的一面有更好的感知。

雅典大学在 2012 年发布的一份心理学报告称，有研究表明花时间独处可以提高人们的共情能力。我们通常都是和同一个圈子的朋友或同事交往，这很容易形成从众心理或“群体心理”。而在独处的时候，我们可以进行深入的思考，从不同的角度延展自己的思路，从而更好地对我们圈子之外的人产生共情心理。

当我们有意识地利用独处时间来成长，就会惊喜地发现，与他人保持距离反而能够使我们更善于与他人交往。

当我们有意识地利用独处时间来成长，就会惊喜地发现，与他人保持距离反而能够使我们更善于与他人交往。

只有在与事物保持一定距离的时候，我们才能真正看清它的本质。

——托马斯·默顿，特拉普派修士

练　习

利用"烦恼时间"换个角度看问题

安排一些"烦恼时间"可以让我们更好地利用独处的时间。也就是说，我们可以把一天当中积累起来的焦虑和烦恼先放在一边不去想它，等有时间独处和思考的时候，再全面地考虑这些问题。在"烦恼时间"里，你可以：

1. 假设一下最坏的可能和最好的可能，再想一想最有可能发生的情况到底是什么，并且把注意力集中在最有可能发生的事情上。每当你发现自己总是在想最坏的可能的时候，就可以重复以上步骤，从而让自己回归理性。举个例子，假如你一直在为客户的一个项目做准备，但你的客户却说还没有确定要让你承担这项工作，于是你就立刻开始担心自己的收入，然后最坏的结果一直在你的脑海中萦绕——未来几个月你都挣不到一分钱，连房租也付不起，最后只能流落街头。但这种情况发生的概率其实微乎其微。同样，最好的情况也不太可能发生——客户不只让你做这一个项目，还邀请你负责一系列更大的项目，同时给你的回报也异常丰厚，这意味着你这辈子都不用再给别人打工了。这个时候要学会控制自己的思绪，更多地去考虑最后可能出现的情况，例如客户过了一两个月又找到了你，让你负责这个项目，或是有另外的客户联系到你，让你去做其他的工作。

2. 核查自己的担忧到底是不是真实存在的。可以系统地梳理一下目前知道的所有信息，而不是任由想象力扰乱自己的思绪。例如，在上面关于客户的例子当中，你要提醒自己，客户只是说他们还没有确定让你来做这个项目，而不是说他们永远都不会再与你合作了。同时也要提醒自己，你有很好的信誉且人脉广泛，很快会有下一个项目找上门来。

在独处的时候，多用类似的思维方式考虑问题。这样一来，独处就会变得更有建设性意义，也更有价值。

6. 畅想并规划未来

一个人的时候，我们可以埋下充满想象力的种子，并且不断去浇水、施肥，直到它成长为具有发展潜力的幼苗。独处让我们有时间去思考各种可能性，考虑不同的机会，并为不确定的事件提前做好规划。独自一人时，我们可以把那些灵光一闪的奇思妙想变成现实。因为在没有任何打扰的情况下，我们通常可以沿着自己的思路，进行更深入和更完整的思考。

你可以闭上眼睛，尽情畅想。在脑海中勾勒出想要实现的梦想，并且思考该如何将梦想变为现实，做出规划，制定通往目的地的路线图。

这样一来，独处的时间就会过得很有意义。在不受打扰的情况下，做一做有目标的“白日梦”可以让我们越来越接近自己的目的地。当然了，这个目的地不是指要去哪里度假（不过这个问题也非常值得好好考虑一下），而是指更远大的梦想。比如你想生活在什么样的家庭里，想和什么样的人一起生活，想要精进什么技能，未来五到十年有怎样的职业规划，等等。

练　习

有意图地进行视觉化练习

视觉化的过程发生在大脑皮层——这也是负责思考、语言和解决问题的区域。因此，大脑无法区分我们的想象和真实的图像，所以会把我们想象出来的事物当作真实存在的事物去对待。这也是为什么我们在想象自己恐惧的东西的时候心跳会加速，就好像我们最害怕的东西真的出现在了眼前一样。当然了，在想象积极正面的事物时同样也是如此。

• 在脑海中想象一下自己最期待的未来的样子，就好像一切梦想都已经实现了。集中注意力，感受一下在“实现”所有目标之后，身体有什么变化。要在脑海中生动地勾勒出你的所有成就——包括你和谁在一起，你和他们都说了什么，看看自己梦想中的生活是什么样子，同时也想象一下在那样的场景中自己会有怎样的情绪变化。

• 接下来，设想一下自己是如何一步一步走向成功的，想象自己正在为了实现目标而不断努力。

• 想象自己正在和别人讲述实现目标后的骄傲和自豪，并告诉他们自己是如何走到这一步的。所有一切的想象要像是自己能亲眼看到和感受到的一样。

7. 增强创造力

独处就像沃土，可以孕育才华，培养创造力，创造奇迹。

——迈克尔·诺顿

不受干扰的独处能够激发创造力。可能这也是为什么许多艺术家都选择非常私密的工作室，他们有些甚至搬到树林中的小木屋里进行创作。独处的时候，放飞思绪会变得容易得多。

相反，避免独处则会对一个人的创造力有一定的负面影响。《心流》一书的作者米哈里·契克森米哈赖在1994年发现，不能忍受孤独的青少年往往无法进一步开发自己的创造力。

孤独常常被看作创造力的催化剂。巴勃罗·毕加索曾说过一句著名的话：“没有极大的孤独，就不可能有严肃的作品。”而阿尔伯特·爱因斯坦则说：“宁静生活的单调与无聊，恰恰是激发想象力的有利因素。”

确实如此。在过去几个世纪里，许多非常有创造力的伟人都曾说过，孤独对他们的成就有非常直接的影响，让他们能够更好地创作艺术作品和研究理论知识，并做出改变世界的伟大贡献。

假如像艾萨克·牛顿、爱因斯坦或毕加索这样的人总是被其他人打扰的话，可能就很难找到自己的灵感，更不可能将所有的灵感和想法汇集起来，完成他们那些充满创造力的成就。

作家、艺术家和哲学家都更善于在孤独中求索，并在孤独中取得成功。我们听过很多这样的故事，当然，从道理上来看，这也是说得通的。毕竟，独处的时候更容易集中注意力，倾听自己的内心，并且沉浸在创造性活动当中。

尼古拉·特斯拉是当代最重要的发明家之一（电力商业

化的主要推动者），他曾经这样说过：“在孤身一人不被打搅的独处状态下，思想会变得更加敏锐、更加活跃。外界对我们的干扰会使创造性思维变得残缺不全。孤独，就是发明创造的诀窍，别无他法。心生孤独的时候，就是想法萌芽的时刻。”而约翰·沃尔夫冈·冯·歌德这样说：“人可以在社会中学习，但灵感却只有在孤独的时候，才会涌现出来。”

练　习

运用创意方法　进行自我表达

艺术可以作为一种治疗手段来帮助人们探究那些难以用文字表达的感情，一张白纸也可以是表达自我的最佳平台。

• 找一张白纸，再找一支阻尼感比较好的钢笔、水彩笔或是彩色铅笔。

• 落笔之前，先闭上双眼，想一想你现在正面临着什么样的困难或挑战，并用几个关键词来定义它。

• 接下来，在这张纸上尽情释放自己吧，涂鸦、作画或是随意写下一些段落或诗句。无论你脑海中自然而然地冒出什么样的想法，都可以用钢笔、铅笔或水彩笔把它们在纸上表达出来。

• 选用最能代表你感受的色彩，并写下或画出象征你战胜困难的意象。不必评判或修改自己的作品，要让自己完全自由地发挥想象力，表达内心的感受。克制住批评自己的冲动，看看这张纸最终会呈现怎样的效果。

完成作品后，你可以把它装裱起来，也可以把它扔进垃圾桶，这完全由你来决定。这就充分体现出在独处时开发自己创造力的好处了：可以全权决定如何处理自己的作品。无论你作何打算，我都希望这个练习能够激发你的好奇心，让你在以后的日子里时不时地拿起彩笔、照相机或写作本，用玩的方式开发自己的创造力。

要点回顾

当你无法与他人分享你的近况、想法或经验，并由于缺乏陪伴而感到孤独的时候，完全可以选择充分利用你已有的东西，如时间、空间和自由等，来学习新知识并进行深入的思考。任何事物都有积极的一面，我们可以换一个角度去看待，而独处就正好为我们提供了这样的机会：

1. **遵从自己的内心**。独自一人的时候，什么都是自己说了算。这样一来，如果你把独处的时间用于自我提升，就能够把孤独感转变为充实感了。

2. **专注于当下**。我们在独处的状态下会更深入、更生动地观察周围的世界，关注自己身体的感觉，更有意识地去享受生活中的每一个时刻。可以利用呼吸和多种感官来让自己专注于当下，把眼前的事做到最好，这样的做法也非常适合独处的时刻。

3. **做真实的自己**。他人的期望和观点有时会成为生活中的噪声，所以我们需要在独处的时候调高自己内心声音的音量，发现自己独特的优势、价值与洞见，并获得对自己的认可与信心。

4. **和自己建立联系。**独处给了我们了解自己的机会，看清自己最在意的究竟是什么，这样就可以做出最明智的决定，让自己获得更好的发展。同时独处的时候也非常适合内省和冥想，这两种活动能够帮你放慢脚步，倾听自己的声音，并且从内心深处寻找问题的答案。

5. **有机会去权衡利弊。**只有在独处的时候，你才能够真正专注于自己，处理那些困扰你多时的问题，并找到解决方案。独自一人时，你可以从不同角度思考问题，找到新的思路，从而打开局面，让自己倍感轻松。

6. **畅想并规划未来。**和他人一起的时候当然也可以规划未来，但是只有自己最了解自己的想法，也只有自己才能勾勒出想要实现的目标。独处可以给我们提供一定的空间去绘制自己心目中的路线图，从而为实现目标做出更清晰的规划。

7. **增强创造力。**有创造力的人大多认为，独处的习惯对于艺术创作来说非常重要。尽管合作在创作的过程中也很有帮助，但是，要想真正集中注意力专注于创作灵感的话，你需要的则是一个安静且无人打扰的环境。

如果你一直都反感甚至害怕孤独的话，那么我希望你现在看待独处这件事，可以变得更加积极一些。独处并不一定意味着孤独，它是生活中一种必要的状态，而且还对我们的成长有很大的帮助。在享受到独处的美妙之后，你就会发现，也许我们并不需要其他人的接纳，因为自己内心就是最好的归宿。

第四章

与自己相处

NAVIGATING
LONELINESS

孤独意味着你急需与自己好好相处。

——鲁皮·考尔

最重要的人际关系

人们生来就需要社交。有多项长期研究表明，可靠的人际关系可以显著提高我们对生活的满意度，同时让我们获得更好的发展。但最重要的人际关系其实还是我们与自己的关系。毕竟，身边的人可能会来来去去，能一直陪伴着自己的也唯有自己。因此，与自我的关系是最持久、最忠实也最重要的一种人际关系。

> 与自我的关系是最持久、最忠实也最重要的一种人际关系。

由此可以看出，与他人交往并不一定是缓解孤独的解药。我们首先要更好地与自己相处，去了解自己，接纳自己，同时爱护自己。

如果你能够用独处的时间去改善与自己的关系，扭转对自己的看法，那么你就可以把孤独所带来的挑战和内心的痛苦变得更有意义。不过，在你开始探究自己的内心之前，有必要先来了解一下，来自他人的外界反馈会给你的自我价值感带来怎样的影响。

认可所带来的陷阱

在远古时期，人们以部落为单位生活。在那种情况下，部落对一个人的接纳与拒绝关乎生死存亡。因此，自那时起，他人的认可对我们来说就非常重要，至今依然如此——这是整个进化过程所带来的结果，直到现在都影响着我们每个人的成长和学习。从出生开始，我们就依赖他人的反馈来学习正确的行为，并评判自己的表现。小孩子总是会说："妈妈！看我做得怎么样？"其实这就是在寻求认可与支持。

在幼年时期，他人的观点和看法就开始影响我们对自己的认识。在成长的过程当中，我们也还是会继续寻求来自老师、家长、领导和同龄人的认可与鼓励，从而确保自己在朝着正确的方向发展，并判断自己的表现是不是达到了他们的预期。最近几年，社交媒体也加入到了这个环节当中，人们会在社交媒体上发布内容，并且互相关注和点赞。我们在发布照片的时候，其实就是在告诉大家自己的近况，以期得到他人的接纳与欣赏。这是对我们付出努力的肯定，也证明了自己值得收获爱与成功。

还有些时候，这种对外界认可的需求表现在渴望得到工作上的赞赏与晋升，或是渴望听到来自朋友及配偶的赞美之词。

归根结底，只要他人表示认可，我们就会开心。如果他人不认可我们的所作所为，我们就会感觉很糟糕。然而，与被否定所带来的持久负面感觉相比，被人认可所带来的良好感觉转瞬即逝。

不幸的是，他人对我们的认可越多，我们就越倾向于在成长的过程中依赖这些来自外界的认可，这样一来对认可的需求就会不断自我固化。依赖外界反馈意味着你对自己的看法可能是由别人的看法塑造的，而不是由自己的内心感受所决定的。在这种情况下，外界的认可就会有一些负面的影响，因为我们会依赖这种来自外界的反馈来决定自己的价值感，并且将全部的自我价值归结为他人对我们的看法和评价。

这也就意味着我们将全部的自我价值都交到了他人手中，我们对自己的看法也就完全取决于其他人的主观意见，其中甚至还包括一些完全不了解我们的陌生人。与此同时，我们还会忽视自己内心真实的想法，压抑自己的感受，然而只有这些想法和感受才能够真正体现出我们最在意的到底是什么。那么我们要做的就是多关注这种内在的指引，而不要过度依赖来自外界的判断。

我们大多数时候都没有意识到，他人对我们做出的反应其实取决于多种自身因素，包括他们自己的经历和记忆，当下的情绪以及联想到的人等，而这一切与我们自己是没有任何关联性的。

比如说，有些人看到你把头发盘成发髻就会立刻对你心生厌恶，因为这会让他们想起自己在七岁时曾被一个梳着类似发型的老师在全校同学面前训斥。

又或者，如果有人一天都过得不太顺心，那你的快乐可能会让他感到心烦。但在通常情况下，他人会回应你一个微笑来表示认可你的积极乐观。也有一些人生来就不擅长赞美他人，因此，他们就会选择用开玩笑或说反话的方式来避免让自己感到无所适从，但这其实是他们的问题，而不是你的问题。在上述情况下，我们还是会不可避免地内化他人的这些反馈，尽管这些反馈与自己几乎毫无关系。

除此之外，在很多时候，我们想象中别人对我们的看法可能非常不准确，这种想象源于我们自己的假设和不安全感，源于社会心理学家 C.H. 库利和汉－约阿希姆·舒伯特所提出的“镜中自我”。这两位心理学家在《自我与社会组织》

一书中写道：“我不是我自己想象中的样子，也不是别人想象中的样子，而是我想象中别人想象我的样子。”

遗憾的是，人类的大脑非常善于忽略过程，直奔结果。在没有他人认可的情况下，我们就会默认没有人支持自己，这会让人感到羞愧、缺乏安全感，并感觉自己毫无价值。这样一来，我们可能就会为了取悦他人而掩盖真实的自我，我们的行为也会基于我们想象中其他人对我们的期待，尽管我们也无法确定这种期待究竟是什么。事实上其他人和我们的想法也一模一样。当我们忙着花时间担心别人对我们的看法时，他们其实根本没有考虑我们，因为他们也在担心我们对他们的看法呢！

他人的看法引发对自我的批判

来自他人的反馈会在很大程度上影响我们的心智模式，也就是我们内心深处的一些看法和观念。它们就像是我们讲给自己的故事，故事中描述的是整个世界和我们所处的位置。其中的内容尽管常常不太准确，但我们却深信不疑，甚至会用这些刻板的思维方式把自己束缚起来。

如果有一位老师说你的美术作业有待提高，你可能就会坚信自己绝不应该去做艺术创意类的工作，并因此完全放弃了练习绘画，而不会继续磨炼自己的画技。事实上，老师的意见可能仅仅基于你的作品是否符合作业的要求，而不是你的作品有多好，也有可能他只是那天心情不太好。然而，你却内化了这些负面反馈，并动摇了对自己的看法，认为“我不太擅长艺术创作”。随着时间的推移，这种看法会转变为一种信念，并影响你做出决定和进行职业道路的选择。也就是说，我们让别人实实在在地影响了我们的生活轨迹，这真是太可惜了。

从更广泛的视角来看，整个社会和媒体的刻板印象以及不切实际的期望和标准也会对我们产生类似的影响。

我们在生活中与父母、老师和同龄人交流的方式，包括积极的交流和消极的交流，可以在一定程度上塑造脑海中的声音。一般来说，我们接受到的批评和拒绝越多，内心批评的声音就会越响亮；而我们接受到的赞美和鼓励越多，就越渴望得到他人的认可。

激励还是打击？

别人对我们说话的方式非常重要。鼓励我们进步的话语可以让我们更好地坚持下去，而来自他人的抨击则会让我们丧失斗志，并且裹足不前，最终选择放弃。后一种情境就容易导致我们会去怀疑自己究竟有没有能力，以及值不值得受到大家的喜爱。

明白了这些之后，你真的还愿意用他人对你的（通常是我们假想出来的、不准确的）看法来塑造自己对自己的认知吗？

好消息

好的一点是，我们的思维方式很容易发生变化，所以我们的想法也并不总是一成不变。大脑的神经可塑性（即大脑在学习过程中形成新的突触连接的方式）可以让我们通过多次重复准确和有帮助的想法来建立新的突触连接方式（思维过程）和新的信念。

这种能力非常重要，因为你的思维方式可以决定自己是成为自己最大的敌人还是最好的盟友。而在感到孤独的时候，成为后者会有很大的帮助。

因此，尽管我们生来就渴望他人的认可，但我们可以更好地控制这种需求。

了解外界认可对我们的影响是第一步。接下来是花一些独处的时间来更好地了解自己，这样就能知道什么事情对你来说尤为重要。只有这样，你才能挣脱束缚，不再把全部自我价值放在别人的手中。要实现这一点，你需要尽力做到：

1. 培养自我接纳的能力并认可自己
2. 练习对自己的同理心
3. 追随内心的方向（体会自己的感受）
4. 对抗对自己的消极偏见
5. 反驳脑海中批评的声音
6. 借由反思来更好地了解自己
7. 将独处时间视为“私人专属时光”

1. 培养自我接纳的能力并认可自己

真正的自信源于我们无条件与自己友好相处的能力。

——佩玛·丘卓

自我接纳是摆脱孤独、让自己变得更强大的一种根本策略。自我接纳可以让我们在理解、激励和接纳自我的同时重新掌控局面，而不再渴求来自他人的理解和重视。这样做的目的就是要认清一点：在认可自己这件事上，没有人能比自己做得更好。在理解这一点之后，你就可以不再过分看重他人的看法，从而更好地平衡自己的价值感。

> 自我接纳是摆脱孤独、让自己变得更强大的一种根本策略。

你会逐渐变得更愿意相信自己的经验和感受，而不是要靠他人的认可才能有好心情。这样一来，你就可以勇往直前，做出各种改变来改善自己的生活，因为你再也不会被他人的看法所限制和束缚。

而且，在完全接纳了自己之后，你会发现自己可以更轻松地接受他人的评论和反馈。这也会额外带来一个好处，即与他人交往也没有那么可怕了。

更重要的是，当外人的看法对你来说没那么重要时，你就可以将收到的所有负面反馈都用作帮助自己进步的动力，并且不会再因为这些论调而感到失落。

自我接纳意味着完全接受你现在的样子，包括自己的缺点。要想找到自我接纳的最佳状态，就需要考虑你（和其他人）最容易对自己感到不满并进行批评的地方，因为你在接纳自己优点的同时，也要接纳自己不完美的一面。

与自己的缺陷和平共处，而不要默认厌恶或是想要修正它们。这并不会妨碍你的进步，只是你进步的动力不再是源于羞愧、内疚或批判。当你接受并认可自己时，所有提升自我的冲动都来自自尊心的增强。

对自己的认可意味着选择接受而非抗拒。你不会再因为自己不够好或犯了错误就惩罚自己，而是会从更积极的角度看待自己，接受不完美的自己，并在每一个错误中学习经验，不断成长。

练　习

赞美自己

这个练习的目的在于认识到自己已经取得的成就，找到被忽视的闪光点，并给予自己应得的认可和赞美。自我接受的一个重要部分就是自我认可，这包括关注和欣赏自己的闪光点。

• 列出你在生活中成功应对挑战的所有情况。例如，你可能在多次被拒绝的情况下，坚持在某一行业找到了心仪的工作；也可能是克服恐高症爬上了一座高山；又或是在痛苦地结束一段婚姻之后，仍能够为孩子维持一个安全和充满爱意的生活环境。列出类似的这些事件之后，再写出帮助你应对这些挑战的性格特征或技能，如乐观、勇敢、善良或是卓越的领导力。

• 每一件成功的小事都值得庆祝。接下来，写出过去一周里值得庆祝的小事（什么事情都可以，比如没有把晚饭烧煳、参加了瑜伽课、读完了一本心爱的好书或是终于填完了退税的表格等）。写下你打算如何庆祝这些日常生活中的小成就，或许是奖励自己一顿外卖、吃一盒冰激凌，或是不受干扰地听一会儿最爱的专辑。别忘了，这一切都是你应得的！

• 找出自己的“超能力”。列出一些你最擅长的事情（如倾听与沟通、建造房屋、组织活动或整理收纳），并选择其中一项作为自己的“超能力”。接下来，再列举几件你做得很好的事情或是你已经取得的成就（如在上学期间表现优异，在才艺表演中获得过第三名，或是其他近期的成就）。此外，还要写出那些你曾做出的让你感到骄傲和自豪的明智抉择（如选择申请某份工作或某所大学，或是选择目前的住处）。最后，重温一下本书第三章的内容，列出自己性格方面的优点，以及其他能够定义你的个性及自我展现方式的正向描述。在以后的日子里，每当你感到沮丧和不自信的时候就看一看这份清单，来让自己重新意识到你是多么了不起。

练 习

了解自己的性格特点

这一练习旨在提醒我们，人非圣贤，孰能无过。想象一下：在读书或看电影的时候，你最喜欢的是哪种角色？是那种有一些可爱的小缺点，比如会在上班路上绊倒或是在乱七八糟的办公桌上找不到车钥匙的角色，还是那些永远完美、一点错误都不会犯甚至一根发丝都不会乱的角色呢？相较之下，我们大概率会喜欢前者，因为不完美的人才更有个性，更有亲和力，更让人喜欢。然而很讽刺的一点是：我们都希望受人欢迎，因此试图隐藏自己的不完美，担心他人会评头论足。事实上，这些小缺点能够让我们更有个性，这样的我们远比完美的人更受欢迎。所以，让我们放心地接纳自己的小缺点吧。

列出缺点和不完美之处。如果可以的话，你想改变自己的哪些方面？比如说缺乏耐心或不爱整洁（我就是这样），也可能你会希望自己再长高一点、身体更健康或者有更好的体态（这一点我也有同感）。

如果可以选择的话，你愿意改善自己哪些不足之处？有些所谓的缺陷是无法改变的（例如身高），但你可以考虑一下，是否能够积极主动地改变那些自己难以接受的缺点？如果有办法让自己在某个方面有所成长并变得更好，那就去尝试一下；如果没有这样的办法，那就接受这些不完美之处，并将其看作自身美好而独特的一部分。接受并认可这些小缺点，而不必试图去改变它们。

列出过去自己一直耿耿于怀的错误。在这些错误的旁边写下从中学到的经验教训，并用积极的眼光去看待它们。每个人都会犯错，但这是我们学习和成长的一种方式。犯错时，只要我们能够考虑清楚下一次该如何调整和改进自己，我们就能实现很大一步的蜕变。因犯错而过度自责对任何人都没有好处。要允许自己犯错，接受自己的错误，从中学习，并继续前进。

要记住，我们都只是普通人而非超人。

原谅自己。带着同理心看待自己的困境。思考你已经做过的事和说过的话以及考虑还能做些什么来弥补自己的错误，或是能从错误中学到什么。与此同时，将自己的歉意写在纸上。你可以把这张纸条留下来作为提醒，也可以把它扔掉，让这件事就此结束。请谨记，我们每个人都会犯错，但只要我们能从中汲取经验教训，那就没有什么大不了的。

多年来，你可能一直在批评自己，但这并没有什么作用。不如试着去认可自己，看看会发生什么。

——露易丝·海

2. 练习对自己的同理心

如果你喜欢独处时的自己，就不会感到孤独。

——韦恩·戴尔

告诉你一个好消息，接纳并欣赏本来的自己，比试图成为别人要容易得多。

更重要的是，你越是欣赏和重视自己，就越无法容忍不喜欢自己的人。因此，在摆脱孤独并与他人交往时，你就会接触到那些更有可能善待你的人；反之，如果你自己都不善待自己，就很难吸引其他会尊重并爱护你的人进入你的生活。

自我同理心与自尊心不同。拥有良好的自尊心意味着我们对自己感觉良好，尤其是当我们本来表现就还不错的时候。但在我们表现得不那么好的情况下，自尊心可能就会受挫。相比而言，自我同理心当中不涉及任何评估或判断，而是单纯地接纳真实的自己。

著名的自我同理心专家克里斯汀·内夫曾说过，“当我们失败时，自尊心会抛弃我们，但其实这正是我们最需要它的时候”。自我同理心能够保护我们度过人生中的艰难时光，尤其是当我们犯错时，它会让我们更好地接受现实。

我们要和自己做朋友，要像照顾一个正在经历困境的朋友那样照顾自己。

为了更好地培养对自己的同理心，我们要和自己做朋友，要像照顾一个正在经历困境的朋友那样照顾自己。

练　习

检视自己的内心

我们每天刷牙洗脸的时候都会照镜子，但是我们是否总是能够正确地看待自己？又是否能直视自己的双眼，真正看到自己的内心呢？

• 对自己温柔一些。在接下来的几天里，每天早上都对自己说：“我很支持你。我非常理解你。你真的很棒。”一开始你可能会觉得很奇怪，如果你感觉不舒服的话，也可以考虑这是由什么原因造成的。

• 几天之后，试着对自己说：“我爱你。”再补充说：“我尊重你，也会一直尽力去做对你最有利的事情。”如果你还是觉得这种话说起来太奇怪的话，也可以换一种说法，比如：“我很关心你。”“从现在开始，我会尽力去照顾你。”这个练习可以帮助你与自己进行深入的沟通。

练 习

进行“善意”冥想

• 为了进入冥想状态，你需要采取舒适的坐姿，慢慢地吸气、呼气，关注自己的呼吸。

• 重复以上步骤数次，然后在脑海中想一想那些你最关心的人。过去认识的人和现在在你身边的人都可以，甚至也可以是你的宠物。仔细体会你对他们的爱意和这种温馨的感觉，让自己的注意力集中于此。

• 在脑海中想象，当你感受到对这个人的爱意的时候，会有一个发光的小球出现在你的心房。在心里对这个人说：“希望你身体健康，远离伤害，生活轻松快乐。”同时想象这个发光的小球从你的心脏飞向对方的心脏。

• 当你想起和自己关系不那么好的人时，也可以重复这样的祷语。就算有人误会了你，或者让你感到生气或不满，你也都可以用更加积极的心态去向他们传递爱意。同样想象有一束光从你的心脏飞向对方的心脏。

• 再次重复这样的祷语，这一次，向附近的人以及更大范围里的所有人传递你的善意。感受金色的光芒触及身边的每一个人。

• 最后，再将这样的祷语带回到自己的身上。把手放在胸口，对自己说："希望你身体健康，远离伤害，生活轻松快乐。"同时放缓呼吸，感受这种对自己的善意。

练　习

以有仪式感的方式定期检视自己的内心

在接下来的一个月里，找一个合适的时间（必要的话，可以给自己设置一个提醒），做一次深呼吸，然后进行以下练习：

• 问问自己现在有什么样的感受。像对待小孩子或最好的朋友那样对自己说话，如果他们对某件事感到困扰或焦虑，你肯定会建议他们把烦恼都说出来。所以，想一想今天有什么事让你感到快乐或烦心？写下自己的想法，注意自己的反应以及身体的感觉。是否出现了焦虑的爆发或兴奋的悸动？感觉身体是很轻盈还是很沉重？

• 问问自己需要的是什么。如果是一个小孩或成年人处于紧张状态，需要放松下来的话，你会建议他们先喝两口水，呼吸一下新鲜空气或出门走走。如果有某件事情让他们难过的话，你可能会鼓励他们，让他们把心里话都说出来，再好好哭一场。如果他们非常疲惫，你可能会提议让他们喝一杯暖心热可可然后早早上床睡觉。同样，你也要去做那些自己真正需要的事情，而不是不断地麻木自己。在一个月的时间里，每天都重复这样的做法，从而加深对自己的同理心并更好地照顾自己。

和自己做朋友意味着体贴自己、遇事先为自己着想，而不是总在埋怨自己。要想做到这一点，我们需要花时间去练习。但是，在我们和自己成为朋友之后，与他人的交往也会变得更有价值。

如果你能和自己做朋友，就永远不会觉得孤单了。

——麦克斯威尔·马尔茨

3. 追随内心的方向（体会自己的感受）

从本质上来看，我们的感觉其实是引导自己的信号。但我们经常会压抑并忽略自己的感受，反而更愿意去听从别人的意见，而不是追随自己内心的想法。我们已经知道，外人的认可对我们的生活选择和价值感会有很大的影响，所以我们更应该多关注内心对自己的反馈，并将其当作我们前行的重要路标。

积极的情绪告诉我们应该多做那些让自己感觉舒服的事情，而消极的情绪则正好相反。这些情绪的存在是为了给我们指引方向，标示出我们需要做出改变的地方，或是提醒我们要妥善处理正在经历的感受，以便能够继续前进。

然而，很多人却习惯于漠视自己的感受——无视它们、忽略它们、压抑它们，而非去表达这些感受。这样的处理方式很有可能会导致抑郁症。

持续性地分散对自己思绪和感受的注意力通常是不健康的行为。压抑自己的感受就像是拼命把气球按进水里，它又会一次又一次地浮到水面上。也就是说，我们终究需要去正视其中的问题。为了治愈自己，我们应当关注自己的感受，尽管个人的想法可能会与事实有出入，但我们的感受永远都是真实并值得倾听的。

可惜的是，由于我们总是带着很大的压力去保持快乐，所以常常会把负面情绪看作不好的情绪。但是，悲伤、愤怒、嫉妒和内疚等情绪都是人类情绪的一部分，也是人类存在意义的重要组成部分。没有负面情绪的生活是不真实的。不经历风雨，怎能见彩虹；没有经历过悲伤，就很难懂得幸福的珍贵。

为了获得更好的个人发展，不断茁壮成长，我们要允许自己感受各种不同的情绪，包括那些最糟糕的情绪。要表达情绪，释放情绪，而非压抑情绪。在释放情绪的过程中，我们可以更清晰地认识自己的情绪，并且摆脱情绪的控制。

2007 年加利福尼亚大学的研究人员进行了一项名为“用语言表达情感”的 fMRI（功能性磁共振成像）研究，通过检测血液流动的变化来评估大脑中负责情感的部分（杏仁体）的激活情况。该研究发现，当参与者受邀说出他们看到的与情绪表达相关的图像时，他们的情绪反应会有所减弱。通过这样给情绪贴上标签的方法，我们可以让情绪变得不那么难以承受——联邦调查局的人质谈判专家也常常用这种方式来平息局势。

练　习

感受自己的情绪及其传递的信号

真正体会清楚自己的感受其实并非易事，特别是我们长期以来可能一直都对其采取一种回避的态度。不过，有一些方法可以帮你深入觉察自己的感受，并从中获取宝贵的自我反馈。

• 给情绪贴上标签。在脑海中大声说出情绪的名称，或是将它们写下来，从而明晰你此刻的感受。例如，“我很失望”或“我真的太生气了”。

• 思考一下你的感受是在指引你去做什么样的事情。你又应该做出什么样的选择？这些感受是对哪些价值观的体现？

• 例如，如果某人的不诚实让你感到愤怒，这就说明你非常重视诚信；如果你会因对方违背承诺而感到失望，这就代表友谊和尊重对你来说非常重要。你的感受会表明你最看重的是什么，你也可以据此考虑接下来该采取什么行动。假如你与朋友的会面被临时取消，与其一直对此感到失望，倒不如想个办法帮助对方继续履行承诺，比如提议一起做一些与他们的计划相吻合的事情（例如当他带孩子去踢足球的时候，你可以和他一起在场馆附近喝杯咖啡）。

• 乘风破浪，勇渡难关。直面自己的感受，接受其中的痛苦。想哭的话就哭出来，眼泪可以带走体内的压力激素（皮质醇）。如果你感到愤怒难耐，也可以通过捶打枕头或大声喊叫来释放自己。在不伤害自己或他人的前提下，把这些感受发泄出来，你会感觉更轻松一些。

• 提醒自己，挫折可以使我们变得更加强大，在应对困难的过程中，我们会越战越勇。回顾你在“赞美自己”那个练习（第 100 页）中列出来的自己曾战胜过的系列困难，再想一想这些经历展现出了你的哪些能力（这些能力可能会超乎你的想象）。

4. 对抗对自己的消极偏见

一般来说，我们脑海中常常出现的两种消极想法分别是批判和担忧。而且，人们对这一类型的想法有一种偏见。

这种负面的偏见是穴居时代留下的内在进化特征。在远古时代，人们只有先注意到自己的缺点才能改正这些问题，毕竟对于当时的人类来说，犯任何一点小错就可能将整个部落置于危险甚至是死亡的境地。

同样，当危险真实存在于各个角落时，我们确实应该为最坏的情况做好打算。当有一只剑齿虎躲在角落里时，敏感地认为它即将扑过来进而保持警惕比冒着被吃掉的风险乐观地认为它并不在那里对我们的生存要有利得多。

因此，我们成长的过程就意味着我们经常会去关注负面的情况或评论，并对其作出更加强烈的反应，而我们的大脑还不习惯对积极的刺激信号作出太大的反应。因此，我们总是习惯于纠结未来可能出现的问题和我们过去犯下的错误，而不去想未来可能很顺利的事或是我们已取得的很好的成就。

痛苦和危险存在于我们的记忆中，让我们忽略掉了当下的快乐和愉悦，这就是我们的生存机制。因此，批判和焦虑在过去对人类是有益的：人类需要这些负面的偏见来让自己关注负面的状况，提醒大脑警惕危险，并让身体能够以最佳方式应对这样的危险。而一旦大脑接收到有潜在危险的信号，我们的身体就会做好准备：肺部空间准备容纳更多氧气；心跳加快，将富含氧的血液输送到最需要它的大脑，从而让我们的感官和肌肉都更加敏锐，进入“战或逃”的状态；同时，身体内能量的分配也会发生变化。

随着社会的进步，能导致死亡的危险已经大幅减少，但人类进化所带来的负面偏见和内心批判性的声音却一直被保留到了现在。正如神经科学家里克·汉森所说，我们的大脑仍然“对不愉快的事物的反应比对同等愉快的事物的反应更强烈”。

那么，我们该如何应对这种情况呢？

在20世纪70年代，罗伯特·莱文森和戈特曼博士开展了一项针对夫妻关系的长期研究，他们邀请夫妻两人在15分钟内解决关系方面的冲突。通过分析夫妻间的交流和对话，研究人员对夫妻关系的未来发展做出了预测（是否离婚）。9年后研究人员对当时参与研究的夫妻进行跟踪调查时发现他们预测的准确率超过 90%。

研究完成之后，他们提出了可持续关系中“神奇比例”这一概念并被学界广泛接受。这个概念指的是，我们需要五个积极的互动才能够抵消一个负面互动所带来的消极影响。这也意味着，我们需要有意识地多留意、寻求并享受美好的事物，接受来自内心和外界的积极信号、鼓励性评价和快乐的体验，从而缓解消极情绪。这种做法可以让我们更多地记住积极的情绪，并更好地对抗对负面情绪的消极偏见。

积极情绪还可以带来一个额外好处，这就是积极心理学家芭芭拉·弗雷德里克森所提出的“扩展—建构”效应。在20多年的研究过程当中，弗雷德里克森发现，随着时间的推移，我们拥有的积极情绪越多，就越能建立起积极的情绪池。这样一来，我们在身处逆境的时候就可以有一定的后备力量，从而获得更强大的韧性和复原能力。她还通过核磁共振扫描发现，积极的情绪有助于清晰准确地思考，相反，消极情绪会抑制大脑中逻辑新皮质（大脑中负责逻辑思维、空间推理和感官知觉的部分）的活动，这会限制我们的思考能力，让我们陷入不准确的负面认知中无法自拔。因此，通过想办法让自己产生积极的情绪，我们可以更清楚地思考，并更好地解决我们所担心的问题。

练　习

关注美好的事物

通常情况下，当我们遇到麻烦或长时间关注一些负面情况时，思绪就会陷入一种恶性循环。而在我们还没有意识到这一点的时候，就会认为事情比实际情况要糟糕得多。我们的消极偏见带来了一种自然而然的倾向，即总是反思过去的遗憾或担忧未来，却很难真正做到享受当下。为了解决这一问题，你可以：

• 写感恩日记。感恩是对抗消极情绪的有效方法。找出七天的时间，在每天的早上或晚上选一个时间，有目的性地寻找并品味生活中的美好事物，并将它们全都在纸上列出来。的确，在孤独或悲伤的日子里，可能很难在生活中找到太多值得欣赏的东西。但只要你用心去找，就会发现总有一些东西值得我们心怀感恩，包括健康的身体、美好的大自然、可爱的宠物、充满希望的生活等，同时还有某些特定的人或地方可以让明天成为一个全新的开始。把生活中所有你欣赏的事物或今天发生的所有美好的事情全都写下来。当然也有这样的情况，你的领导在某些事情上没有提供支持，让你感觉很糟糕。但回到家时，你的狗狗兴高采烈地扑向你，给了你一个最温暖的拥抱，因此你会为拥有一只宠物而心怀感恩。

• 也可能是你一直非常期待参加的活动被主办方意外取消，但这也让你有机会读完了一本一直没空去读的书。又或者，你在看完新闻后，会为生活在一个宁静并且犯罪率很低的社区而感到高兴。关注你所拥有的东西，而不是你还没有的东西，这样就可以强化自己的积极情绪了。在最初的七天结束之后，继续记录下让你心怀感恩的事物并养成习惯，你可以在一天或一周中的任何时间来完成这个令人愉快的小仪式。

• 随时随地练习感恩。每当你注意到自己开始对错误的事情产生消极想法时，就要提醒自己事情总有好的一面，然后深吸一口气，列出三件你心怀感激的事情。也可以用另一种方式完成这项练习，即拍照记录那些能让你产生积极情绪的事物，并在你需要改善情绪的时候回看这些照片。

• 记录你的成就。在接下来的七天里，每天都写下自己取得的某种成就。这样的做法可以帮助大脑学会看到那些你已经成功做到的事情，而不再只关注你没有做到的事情。也就是说，与其责备自己没有去健身房，不如夸奖自己走了好长一段路；与其因为吃了一袋薯片而批判自己，不如夸奖自己吃了很多蔬菜和水果。在这七天结束之后，要为自己所完成的一切而奖励自己——同时也想一想，这种感觉是不是比因为没有完成计划而感到焦虑要好得多。

5. 反驳脑海中批评的声音

人们常常错误地认为越是了解自己，就越能发现自己所有讨厌的缺点和消极的想法，对自己的感觉就会越差。但事实却正好相反。

当你花时间去调整自己的思维方式，体会自己的感受，就有机会改变消极的想法，重塑自我认知，从而更加积极和准确地看待自己。你可能会因为害怕直面内心而选择忽略自己的想法和感受，但是心态的改变还是很有价值的，因为新的思维方式可以变成习惯，让我们受益终身。

想法是如何起作用的

我们首先需要了解自己的想法是如何运作的，以及该如何应对内在的消极偏见。这样就可以与脑海中批评的声音展开对话，并逐步掌控自己的思绪，不再让自己受到情绪的控制。

厘清我们的想法并非事实。从本质上来看，想法只是许多神经元共同作用的结果。如果你经常重复某些想法，大脑中就会产生新的神经通路让这些想法变为信念，成为你讲给自己的故事。也就是说，信念就是那些你经常重复的想法。

这些常常重复的想法主要是直接来自外界或是受到外界的影响而产生的，这里说的外界包括社会、媒体、同龄人和家庭。这些重复性的思绪（而非事实）会进入你的心灵深处，成为让你深信不疑的信念或心智模式。

这样一来，这些想法会让你强烈感知到你对自己的看法，以及你在社会中的角色。如果你不去探索这些想法，就会默认它们。事实上其中很大一部分想法都是消极和不准确的，所以，对它们采取默认态度显然是不利于身心健康的。

不过，我们内心那个批评的声音其实也并不希望我们受到任何伤害。相反，这个喋喋不休的声音其实只是想要保护我们，防止我们因为他人的蔑视和拒绝而感到屈辱和难堪。

一个无法拒绝的真相是，在我们成长的过程中，自身的错误和他人的拒绝都曾意味着严重的后果，所以内心批评的声音已经习惯了在第一时间就发出警报。也就是说，它用的是大棒而不是胡萝卜。这个声音不会温和地鼓励你，而是会严厉地警告你：“你不能这么做！人们会怎么想？”于是，你就会干脆放弃尝试，这也进一步助长了你认为自己不够好的信念。又或是当你做了一些可能引起负面评价的事情时，内心的声音就会责备你：“为什么要这么说、这么做呢？你真是个笨蛋。”因此，你是在用非常不公平的方式来对待自己。

然而很多情况下，内心的声音所带来的结果往往事与愿违。比如它会让你觉得与他人的交往没有价值，因而选择切断与他人的联络并在人际关系中不断退却，造成更为严重的孤独感。

尽管如此，我们却很少质疑自己内心的声音。相反，我们会将其视作真理，而且我们的所有行为都是以这些评判为基础的。也就是说，大脑中有一小部分自石器时代遗留至今的机制，会让我们产生并不完全准确的念头，但这些念头却常会左右我们的生活。

这个过于远古的机制虽然是在试图保护你，但它带来的常常是阻碍而非帮助。那我们该怎么办才好呢？怎样才能调节我们生来就固有的思维机制呢？

现在你已经知道，内心这种批判的声音并不准确，你可以对这种声音质疑或提出异议。而独处就可以为你提供一个宝贵的机会，让你可以做到这一点。这些负面的声音会对你的行为造成不利影响，与其被动地接受它们，倒不如在独处的空间中去仔细倾听这些声音，同时花一些时间去质疑并重塑这些错误的想法。

练 习

倾听、质疑、重塑

你需要多加注意那些下意识出现的想法和念头，这样才能更好地掌控它们。

所以，首先要倾听内心的声音。

• 抓住那些脑海中出现消极想法的时刻。每当你注意到自己陷入了负面思绪旋涡当中的时候，立刻让自己停下来，从而避免自己的想象发展出灾难性的后果。这件事在独处的时候更容易完成，与其他人在一起的时候则相对较难。这一做法也同样适用于我们内心那种批评的声音。

• 倾听自己与自己的对话，注意对话的内容。对自己的批评大多以“我总是……”“我从来不……”“我怎么这么……”“我真是……”或“他们肯定觉得我……”这类语句开头。多加注意你用到的词语和内心声音的语气，并在纸上列出这些批评性的或消极的想法，甚至还可以用手机录音记录细节。

• 想一想，这些想法究竟来自哪里。例如，“我这是怎么了，总是迟到”可能来自其他人对你的观察，也可能是你觉得自己做得不好的事情。“我特别笨”则可能是父母或配偶对你的评价，或是你在每次碰掉东西时给自己贴的标签。

接下来，质疑并验证这些想法。

• 审视你的想法。寻求支持和反对这些声音的证据，从而对其提出疑问和反驳。例如，你真的“总是”迟到吗？也许你经常迟到的原因是，你总是乐观地认为你拥有的时间比实际要多，而如果你能给自己留出更充分的时间的话，就能够准时或提前到达目的地了。试着回忆一下那些你没有迟到的情况，一定会有证据证明，你绝不是每一次活动都会迟到。（我们之前已经完成了一个类似的练习来应对焦虑情绪。当时，在第 75 页的“利用‘烦恼时间’换个角度看问题”的练习中，我们考虑了最坏的情况和最好的可能，并将思绪引回到了最有可能发生，也不那么令人担忧的情况。）

• 验证你的想法。首先，区分自己脑海中准确的和不准确的想法，分辨出具体的不真实的地方。举例来说，假如你的妹妹因为某些事情感到不开心，而你却以为是自己做得还不够好，并觉得“我真是个不称职的姐姐”。为了质疑这种想法，你回想起在另一次她遇到困难的时候，你送去了鲜花和卡片，并总是能在她需要你的时候陪在她身边，当然，她也会以同样的方式对待你。也许这一次，她是不想让你知道她心情不好，所以才没有把一切都告诉你。

又或者，你坚信一个人要想感到快乐就必须谈恋爱，因为很多人都是这么和你说的。为了质疑这种想法，你就需要收集证据来提出反驳：比如你有个姐姐，虽然一直单身，却是你见过的生活最幸福的人，因为她可以完全按照自己喜欢的方式生活——经常旅行并参与志愿活动；也有可能你以前的某段恋爱关系曾让你非常痛苦，这也是一个能反驳上述想法的证据。哪怕只有一丁点的证据能说明一个想法是错误或不准确的，那也值得我们集中精力来对其进行重塑。

最后一步，重塑。

• 生活中他人的声音就像是广播电台发出的噪声，而你要做的就是不要受到噪声的干扰。你可以用更准确的事实来代替这些像“假新闻”一样的想法，也可以换一种方式来看待眼前的事情，基于你掌握的证据来重新思考那些有争议的论断。例如，你可以告诉自己“很多单身的人过得也很幸福”，“自己打理花园，没有人指手画脚的时候，我真的会感到非常满足”，或“感情有时会让我感到很痛苦，所以并不是只有恋爱使人幸福，做其他事情也可以让我感受到快乐”，而不是继续坚信“只有找到真爱，我才能过上快乐的生活”。

• 如果你觉得很难重塑这些不准确的想法，也可以考虑一下，在别人说出他们坚信不疑的“真相”时，你会对他们说些什么？

假如有人跟你说，他只有找到真爱才能真正过得幸福，你会怎么回答他？你可能会发现，如果一个想法不是以自我为中心的，你会更容易找到问题出在哪里，清晰的答案也会很快浮现在脑海当中，而且这些新的想法对你来说也会更加可信。想象一下，如果你的一个朋友和你说，自己是一个不称职的姐姐，你会怎么劝慰她呢？你肯定会提醒她，她和妹妹之前经常彼此陪伴，共渡难关，也就是用事实来反驳她那些不准确的消极念头。

• 更进一步的话，采取顺应新想法的行动，来证明这些想法的准确性。比如每月与妹妹小聚一次，和她谈一谈你的想法；也可以各自列一个心愿清单，写出可以一起去的地方、一起看的电影或一起读的好书。

重塑其实就是去更多地重复那些准确的积极想法而非不准确的消极想法，从而用前者取代后者。这样一来，你就能够创造出新的神经通路，形成对自己更有帮助的新的想法和信念。

你也可以重塑那些看起来是在保护你，但实际上是在阻碍你与他人沟通的想法，包括“我不想强人所难”“我会成为别人的负担”“我已经很久没和他们联系了，再联系肯定会很尴尬”。

其实事实并非如此，你并没有强人所难，也不会成为别人的负担，更不会在与他人交往时造成所谓的尴尬局面。调整自己的思维方式，想一想，可能“我联系他们，他们也会很高兴”，或“我也不会再有什么损失了”。不要再犹豫了，拿起电话，发送消息，立刻开始（重新）维护你的人际关系吧。

6. 借由反思来更好地了解自己

一旦你能够分辨哪些想法是准确的，哪些是不准确的，更有可能在生活中做真实的自己，而不再把精力耗费在努力把自己变成“应该成为的人”。

我们之前做过的一些练习可以帮助你让行动与价值观保持一致，同时也帮助你发现自己的优势，所以可以更好地运用它们。而现在你要深入思考的问题就是，什么事物能点亮你的生活，对你来说，最重要的究竟是什么？（可以参考在第三章的练习中，你从自己身上挖掘出的优势和价值观。）

在了解了自己的本性，并清晰地知道了对你来说最重要的东西是什么之后，你就可以忠于自己，并朝着这个方向努力。事实上，我们可以把自我意识看作一种天赋，它让你知道自己如何才能继续成长。

你若失去与宁静内心的联系，就会失去与自己的联系。你若失去与自己的联系，就在这世界中丢失了自我。

——艾克哈特·托勒

写日记有助于培养更强的自我意识，提高情商，并能推动我们更好地实现目标。

练　习

写日记

写日记可以让我们更深入地思考并了解自己。写日记的习惯有助于培养更强的自我意识，提高情商，并能推动我们更好地实现目标。写作的过程可以帮你理清杂乱无章的思绪，看清事物的本质，并想出解决问题的办法。

一天中的任何时间都可以写日记，就算再忙也应该抽出一点时间做这件事，而且在你很忙的时候，写日记其实也会变得更加重要。你可以找一个安静的地方，泡一杯茶，舒舒服服地在本子上写下自己的感想，也可以在出去散步的时候用录音机把自己想说的话录下来，回到房间里再把自己的想法记录在纸上。

日记小贴士：

- 回想一下，十岁的时候，你喜欢做什么？把你当年喜欢的活动列出来，或者根据记忆写一篇日记。现在的你能不能再重复一次这些活动？比如说我以前喜欢在树下独自看书，而且直到今天，我都觉得这能给我带来非常奇妙的快乐感受。我还打算再去玩一次轮滑。或许你喜欢的是烘焙、唱歌或跳舞？闭上眼睛，想象自己正在记忆中的某个地方做你最喜欢的事情：也许是在舞台上大展身手，也许是窝在沙发上看一本书。

你可能已经长大了，也经历了很多变化，但你仍然是从前的那个自己。写下这些你可以安排的活动，多去重温这些你小时候喜欢做的事情。

• 翻阅你以前完成的感恩日记，看看自己写下了哪些想要感谢的事情、人以及地方，想一想为什么你对它们心怀感恩。除了这种感恩之外，你对它们还有什么其他的感觉？这种感觉又是否来自自己的选择呢？例如，你可能对你的宠物心怀感激，其实在这件事上你也应当感谢一下自己，因为是你做出了养宠物的决定，有意识地花时间去挑选合适的品种，而且还把自己的宠物照顾得很好。正是因为你有这样的坚持和责任感，所以才会花时间去挑选适合自己的宠物，也正是因为你的善良和爱心，你才会愿意风雨无阻地带宠物散步，并花时间陪伴它们。这个练习可以让你注意到自己身上的一些宝贵品质，也正是这些品质将你塑造成了现在的样子。

接下来，看看你写下来的文字当中是否暗含一些特定的模式，这些模式可能会让你对自己有一些新的发现。例如，你可能经常表达对自然界事物的感恩之心，这就说明大自然对你非常重要，你应该多花些时间去享受自然之美；或许你会注意到自己对某些创造性活动非常感兴趣，这表明你应该投入更多的时间参与到这类活动之中；又或者你发现自己经常提及一些好书，在这种情况下，你就可以多去找一找类似的书籍，说不定探寻好书可以成为你生活中的一个小目标，或是与他人交流时的一个话题，同时你也可以加入网上的读书讨论小组，看看其他组员能否给你推荐一些类似的好书。

- 这个练习可以让你在建立自我意识的同时，清楚地知道自己在生活中最在意的东西究竟是什么。

• 在每天晚上，想一想你对自己有什么新的理解，或是注意到了周围环境的哪些情况，而这些情况是你在被他人包围时注意不到的，然后把这些想法全部写下来。这个练习可以培养你的好奇心，锻炼你的观察力，并以更加积极的眼光看待独处的时间。

• 每当你感到低落或孤独，或当你觉得需要与真正的自我进行对话的时候，都可以回顾一下自己写下或以录音形式记录的日记或笔记。

7. 将独处时间视为“私人专属时光”

你与自己的关系奠定了其他关系的基调。

——罗伯特·霍尔登

最后的这个步骤是为了让我们更习惯独处，这一点非常重要，因为在现代生活中有很多东西都能够分散我们的注意力。在我们这个永远在线、全年无休的世界里，有那么多东西可以看、可以听、可以滚动浏览。在互联网诞生之前，我们必须要亲自去到某个地方才能与家人以外的人见面。而现在，我们每天都可以在线上通过视频与他人沟通，并且也习惯了这种不断被人联系的感觉。其结果就是，我们几乎忘记了该如何独处。

独处却不孤独的时间越多，你的神经通路就越倾向于认为独处的时间是积极的，而非消极的。

但是，如果我们能把独处的时间投入那些能让我们为之振奋的事情，在我们与自己或周围的世界之间建立某种联系，那我们就能习惯于独处而不会感到孤独。独处却不孤独的时间越多，你的神经通路就越倾向于认为独处的时间是积极的，而非消极的，从而帮你完成心态上的转变。这一过程就可以充分体现出神经可塑性的作用。

就像去偏远地区徒步旅行一样，习惯独处是一段艰难的旅程，但这同时也是一段有意义的旅程。

——特里·韦特

练　习

充分利用“私人专属时光”

• 静下心来，感受自己与大地的联结。将手放在心脏的位置，感受自己吸气和呼气时心脏跳动的节奏，同时在脑海中想象世界上所有其他的心跳——我们和所有生物共有的一种体验，你可以用这样的方式感受自己与他人的联系。

想象自己的双脚扎根于地面，感受自己与其他在大地上行走的生物之间的联系。

• 写一张表达感谢的卡片。这项活动会让人感觉非常好，因为它将创造性行为与积极心理学的干预措施——练习感恩和练习善意结合在了一起。感恩的情绪会给大脑带来生物学上的变化，在促进多巴胺和催产素分泌方面，它甚至比药物的作用还要好，因此感恩的心态也被称为“自然界的抗抑郁药物”。所以，这种感恩对于我们和收到感谢的人来说都是一份礼物。心怀感恩意味着我们对目前所拥有的东西、对当下发生的事情，感到快乐和满足，而与他人分享你的感激之情，也会让收到感谢的人感受到他人的认可和赞赏。在写完感谢卡之后，可以直接送给对方，或是去邮局把它寄给你想要感谢的人。

• 欣赏日出或日落。这些壮美的景象每天都会出现，但我们却总是很忙，注意不到这些美好的风景。从现在开始，记得时不时地享受这些景致，并仔细品味它们带来的美妙感受。

• 做白日梦。独处的时候，可以充分利用安静的环境，任思绪随意发散，四处游走。发挥想象力，勾勒出你想要实现的梦想。白日梦会让你明确很多对你来说非常重要的东西。特里·韦特在他的书中写道：“在那些与世隔绝的岁月里，我会在脑海中旅行，利用想象力走遍天下，跨越海洋；探寻内心最深处的角落，从而尝试着去更加全面地了解自己。”

• 制订计划，并回味美好的记忆。美好的时刻并不仅仅关乎当下，我们可以在事情发生前就开始期待，在过程中充分享受，并在事后时常回忆，从而放大美好体验带来的幸福感。所以，你可以通过制订计划，让自己有所期待。与其漫无目的地生活，不如设想一些目标，哪怕是很小的目标也没有关系。把自己想做的事情写下来，同时计划一下如何才能梦想成真。你可以预订一张演出的门票或安排一次旅行，并把活动的日期写在日记本里，之后还可以在翻相册的时候回顾自己的经历，品味自己在活动过程中的美好感受。

• 独自出游或探索新鲜事物。自己去一次电影院、动物园或剧场，去玩一次皮划艇或花几天时间度个假。享受这种自由的体验，感受无须与他人交流的轻松，并沉浸于独属于自己的时光。

• 以游客的身份游览家乡。去到那些家乡周围你从未去过的地方，寻找别有意趣的风景。

如果你从未感受过孤独，就无法真正了解自己。

——保罗·科埃略

要点回顾

你看待自己的方式以及对自己的重视程度，都会在很大程度上影响你的生活，包括你在孤独时的感受。因此，要想摆脱孤独的困扰，构建与自我的良好联结至关重要。

如果你自己都不喜欢、不重视自己的话，又怎么能指望别人喜欢并重视你呢？如果你都没办法与自我保持良好的联结，那又怎么可能与其他人建立良好的关系呢？此外，如果你的自我价值在很大程度上取决于他人的看法和你基于他人看法对自己的认知，那么确保这些看法的真实性就至关重要了。

1. **培养自我接纳的能力并认可自己。**我们的自我评价和对自己的认知，在很大程度上依赖于外界的反馈和他人的认可，然而外界的反馈常常并非完全真实准确。因此，自我认可的能力非常重要，也就是说，我们承认、认可并接受我们的经历、感受和想法都是有价值、有意义的。我们需要学会接受自己的全部，包括自己不完美的一面。因为只有在能够认可自己的时候，他人的认可才不会成为我们的局限。

2.练习对自己的同理心。作为普通人，我们没必要把所有事情都想清楚，而是更应该意识到、理解并倾听自己内心的渴求，从而成为自己最好的朋友，为自己提供应有的支持。这样一来，通过用心对待自己，关注自己的需求，并让自己在充分的休息中自如地成长，我们就无须再依靠他人的意见来认识自身的优点。

3.追随内心的方向（体会自己的感受）。尽管我们在生活中要应对他人的期望以及各种压力，但幸好我们还有自己的导航系统（也就是我们的感受）来为自己指引前进的方向。花些时间来探寻自己内心真正的感受非常重要，这可以帮助我们搞清楚什么对自己是有意义的，什么是没有意义的，以及接下来应该如何去做。

4.对抗对自己的消极偏见。为自己已有的收获心怀感激，而不要总去想自己缺少的东西。你可以在想象中将正面的情绪存入“积极心态银行”，并在遇到困难，包括感到孤独时，利用这些美好的情绪帮助自己更好地解决问题。正向的情绪也有助于提高认知功能，让我们保持开放的心态，更好地运用逻辑思维去思考问题，包括思考如何减少孤独感。

5.反驳脑海中批评的声音。令人欣慰的一点是，无论心中那些自我批评的声音有多么严厉，其实这都是为了我们自己好。而且，由于神经具有可塑性，我们可以用准确、积极和有益的想法来取代那些不准确、消极和对自己没有帮助的想法，独处的时间就给了我们完成这一过程的完美时机。

6.借由反思来更好地了解自己。通过写日记和回答关于如何思考、感受和行动的问题，我们可以有效提高自我意识。自我意识越强，你就越能够有意识、有目的地去做更多有意义的事情，从而营造出我们希望获得的感受和向往中的生活。

7.将独处时间视为“私人专属时光”。你能否习惯于把独处的时间看作“私人专属时光”呢？就像给生活按下暂停键一样，放慢脚步，找到最重要的东西，做最喜欢的事情。如果将独处看作繁忙生活中能够让我们享受片刻宁静的美好时光，我们的心境又会发生哪些变化呢？

我们在独处时可以充分关注自己，用期待中他人对待自己的方式——爱、同理心与尊重来回应自己。

我们越了解自己，就越能够坦然地听取他人的反馈，这是因为我们已经重拾自己内心的力量。

除此之外，与自己内心的联结是改进与他人关系的基础，因为，如果我们能够在独处时感觉舒适，也就更能从容地接受他人的陪伴。

第五章

改善人际关系

NAVIGATING LONELINESS

尽管我们可以通过更好地与自己对话或在独处中寻找慰藉来缓解孤独带来的痛苦，从而享受自己的陪伴，然而，归根结底，我们还是需要与他人进行沟通来获取支持，真正缓解孤独。哪怕只有一个人能提供这样的帮助，我们也会知道还有人在关心自己，从而获得慰藉与安全感。

当然，如果你比较害羞、自尊感较低、有一定程度的社交焦虑或是在过去的社交活动中受到过伤害，可能就会觉得社交的过程不是那么舒服。因此，在走出家门交新朋友或是改善现有的人际关系之前，你可以先花点时间学习一下如何才能更好地与人建立社交关系。这有助于加强信心，并确保你交往的对象都能带来真正的价值。

即使你对自己的沟通能力非常自信，也可以反思一下哪些地方还有改进的空间，从而让周围的人感觉更舒服，让自己成为更好的朋友、同事和家庭成员。

交到朋友的唯一方法，是自己先成为一个好的朋友。

—— 拉尔夫·沃尔多·爱默生

良性社交感受是双方所共有的

好的社交关系可以带来相互之间的关怀和欣赏。当别人能让你感觉很舒服时，你就会想花些时间与他/她相处，而如果这种感觉得到了回应，这段社交关系就有机会进一步深化，并成为真正有意义的人际关系，保护你免受孤独之苦。

你希望别人怎样对待你，就应该怎样去对待别人，这是一种行之有效的方法，可以帮助我们与珍视的人建立更好的关系，并深刻有效地惠及彼此。也就是说，如果你希望别人能看到你、愿意倾听你说的话并重视你的感受，你就需要更好地看到他人、倾听他人说话并重视他人的感受。

如果你希望别人能看到你、愿意倾听你说的话并重视你的感受，你就需要更好地看到他人、倾听他人说话并重视他人的感受。

因此，最好的人际关系不仅仅指的是更高质量的关系，也意味着与周围的人有更好的交流和沟通。尽管找到“对”的人很重要，你也要尽力让身边的人感觉更加舒服。要想做到这一点，你可以尽量确保你与对方的关系积极互利，照顾彼此的时间安排，或在对方讲话时认真倾听并时常表示赞扬。

为了更好地建立相互支持的关系，并与你交往的人有更好的沟通，以下几点非常重要：

1. 善于倾听

2. 积极回应

3. 表达关心

4. 表达赞赏

5. 表达意愿

6. 学习交谈的艺术

7. 适当暴露弱点并深化信任

1. 善于倾听

当我们认真倾听时，隐藏的世界就会出现在眼前。

——博贝特·巴斯特

当你注意倾听他人的表达并表现出一定的兴趣时，就能构建出一种积极的交流模式，从而更好地了解他们的为人，让对方感受到自己说的话得到了关注，自己的感受得到了重视。因此，要想与他人构建强有力的关系，如何倾听是至关重要的。

练 习

练习倾听

沟通是一个双向的过程，互动也应该是双向的。因此，在交流的过程中，听和说同样重要，能够真诚地倾听对方讲话的人会比做不到这一点的人更能体会到人与人之间的联系。所以，尽管心理治疗师可以听你倾诉内心最深处的感受，但这种治疗并不能取代朋友间相互的支持与帮助。

• 注意倾听别人在说什么。下次与人交谈时，试着给予对方充分的关注，并通过轻轻点头以及不同的面部表情来表明你在认真倾听（在对方谈及开心或有趣的东西时，你可以用微笑来回应；在对方分享痛苦的经历时，则要表现出关心的神情）。

• 注重眼神接触，并保持专注。不要花时间构思自己该说什么来回应对方。直视对方的眼睛，不要让其他东西吸引你的视线，更不要一直看自己的手机。这是因为，在一个人和你说话时，你就应当集中全部的注意力，就像你在和他说话时那样。

2. 积极回应

你如何回应别人对你说的话，会强烈地影响你带给对方的感受。事实上，尽管你可能知道该怎么应对他人遇到的糟糕情况——温和地表示同情和关怀，用点头表达你的同理心。但我们大多数人都没有学习过该如何回应别人的好消息，而美国心理学会发表的一项由加利福尼亚大学完成的研究表明，善于回应别人的好消息是构建强大人际关系的决定性因素。

你如何回应别人对你说的话，会强烈地影响你带给对方的感受。

对好消息做出积极回应的唯一方式就是表达出兴趣，鼓励对方，并与对方共同庆祝。这种回应的方法称为“积极的建设性”回应，它会让讲话者感受到你对这个消息非常感兴趣，并且想要有更多的了解，这会让他们更加快乐，而不会觉得扫兴。这样的回应方式不仅可以让对方有好心情，同时也会让自己受益，因为你能够进一步了解对方从而深化你们之间的关系。

回应好消息的方法一共有四种，“积极的建设性”回应只是其中之一，在学习如何运用这种回应方式之前，我们先来看看其他的回应是什么样的。

“积极的破坏性”回应指的是通过质疑来消解好消息所带来的快乐。例如，当对方高兴地告诉你，他打算换一份新工作的时候，你可能会说：“可是你现在已经很累了，这份工作会更累吧？”“其实，我听说他们的薪水挺低的。”

“消极的建设性”回应在生活中很常见，它指的是那种缺乏热情和支持的回应。在你忙于其他事情，没有专注于当下的谈话，注意力不能集中的时候，可能就会用这样的方式回应对方。例如，你可能会一边玩手机一边说“不错嘛”。

“消极的破坏性”回应是最糟糕的一种回应方式，它会让对方感到很不舒服。这种回应方式指的是完全无视对方提及的好消息，并直接将谈话的焦点从讲者转移到自己，也就是听者的身上。例如：“我也有个好消息。我最近快要结婚了，而且以后打算搬到廷巴克图去生活。”

负面回应会让对方感到自己说的话无聊乏味，自己的感受也没有得到重视。他们会觉得自己的好消息对你来说无足轻重。这样一来，你们双方就很难感受到高质量社交所带来的温馨和愉悦的感受了。

积极的回应意味着你在倾听对方讲话，但“积极的破坏性”回应会让对方感到扫兴，而“积极的建设性”回应则代表你热情地支持对方，这会让对方感觉自己得到了重视。

“积极的建设性”回应则代表你热情地支持对方，这会让对方感觉自己得到了重视。

练 习

“积极的建设性”回应

这个练习的目的就是让对方分享自己的好消息和更多的其他信息，帮助他们重温美好的经历，品味喜悦的心情。具体做法如下：

• 在对方分享好消息的时候，直视对方的眼睛，保持微笑并时常轻轻点头。

• 提出积极的问题，鼓励对方回忆并重温这段美好的经历。例如，你可以说：“哇！你刚知道这个消息的时候是什么感觉？”“太棒了！然后他又说了什么？”“你后来是怎么做的？”“这是什么时候的事？”“你肯定特别激动吧！你最期待的是什么？”

• 告诉对方你真的为他们感到高兴，同时继续提出一些问题。

3. 表达关心

维持一段人际关系需要对彼此的关心和关注，这样才能发展并加深人与人的联系。因此，在他人需要你的时候，陪伴是非常重要的。就算对方没有要求你提供帮助，只要你能出现在他身边，就已经是对他最大的支持了。

> 研究证明，即使在自己情绪低落的时候，为他人提供情感支持也有利于自身的身心健康。

练 习

行动与语言同样重要

• 提醒对方，让他知道你一直非常在乎他的感受。从自制卡片到语音留言再到手机拍摄的小视频，用这些方式让对方知道他可以不必回复你的消息，如果他想找个人聊一聊或找个肩膀靠着哭一会儿的话，你随时可以出现在他身边。这样的关心和支持是非常有意义的。

• 拿出日程本。安排时间定期联系你亲近的人，养成一种习惯。首先，考虑是否可以每月聚一次。可以在每月的第一个周末打视频电话、共进早午餐或是骑自行车去附近的酒吧或电影院。也可以每个季节安排一次一日游，或是做一些传统的季节性活动——春天外出散步，欣赏蓝铃花；秋天去树林里采摘果实。当然还可以每两个月安排一次欢乐聚会，轮流去彼此的家里做客，一起看一部喜剧片或是相约去看一场脱口秀演出。

• 安排一次与众不同的一日游。选出一位好朋友或是你想重新联系的旧相识，并为他们定制出一天的行程。先想一想他们喜欢做什么，在此基础上，再加一些锦上添花的活动。如果对方喜欢在旧货商店里淘宝，就挑选几家合适的商店，如果对方喜欢品尝茶或咖啡，就请他们在附近的店里共享下午茶，从而让对方意识到，你考虑到了他们的感受和他们的喜好。哈佛大学一项关于亲社会消费和幸福感的研究表明，把钱花在别人身上的人明显比那些把钱花在自己身上的人要更加幸福。

• 一起做一些振奋人心的活动。问问你的朋友，他们十岁时喜欢做些什么，又是否愿意再次尝试这些事情？你们有没有可能一起享受这些活动带来的快乐？通过这样的方式，你的朋友可以用新的视角看待这些能带来快乐的活动，从而改善心情，同时你还可以和对方共同创造出珍贵的回忆。

也许你们可以下班后一起去学水彩画或跳迪斯科。如果你的朋友小时候常去海边探险、在岩石边玩水或抓螃蟹的话，你们当然也可以一起尝试这些活动。

在社交过程中收获的快乐会加深我们与他人的联系，甚至可以缓解痛苦。

4. 表达赞赏

除了有人倾听自己说话和有人注意到自己之外，我们也都喜欢受到重视。因此，要想与其他人建立牢固的关系，表明对彼此的欣赏是非常重要的。这并不意味着我们需要不断地赞美和恭维对方，在细微之处表达感激和认可常会有意想不到的效果。

要想与其他人建立牢固的关系，表明对彼此的欣赏是非常重要的。

练　习

重视对方的价值

• 表现出自己看到了对方的价值。如果你很欣赏一个人，就列出他的优点，以及每次想起对方时，你脑海中浮现出的字词。可以用书法字体写出这些字词，也可以用工笔画把它们画出来。我第一次这么做的时候，是在一张亮黄色的卡纸上列出了我女儿的标志性优点，并把这张卡片贴在了钉板上，从而让她知道我们非常珍视她的美好品质（我们总是对家人唠叨或是抱怨，所以这样的做法也可以算是一种平衡，同时还可以让他们知道，你非常重视他们）。

• 让对方知道你为生活中有他们的陪伴而心怀感激。给对方一张小小的感谢卡、便笺或写一封信都会让对方有一天的好心情，同样，一束鲜花或一份手作小礼物也会有同样的效果。与此同时，你也无须期待任何回报——上述做法只是为了让对方知道，他们对你来说有多么重要。表达谢意不必花费太大的价钱。有时候，我会花10欧元买十束水仙花，把它们放在我想感谢的人的门口，同时附上一张纸条来表达我的感谢或鼓励，以及我有多么在乎他们。收到花的人通常都会非常开心，我也非常享受这样的过程。

5. 表达意愿

有时候，生活中的某些情况会妨碍我们与他人保持联系。我们可能会忙于工作和家务，没有时间或没有办法去见朋友，又或是由于身体或心理的原因不便与他人联系。

当你的朋友不回电话、信息或忘记联系你时，要表现出同理心。等到你们真的能相聚在一起的时候，可以非常容易地了解到彼此的近况，友谊本身就应当可以经受这样的考验。所以，如果朋友没有回复你的信息，先把所有涌上心头的负面情绪放在一边，善意地对朋友的做法作出假设。大家都很忙，但这并不妨碍我们依然非常关心彼此。

也就是说，如果缺乏沟通的原因是没有时间，那你可以想一想：如何既能与朋友保持联系，又不会浪费过多时间？

练　习

在忙碌生活中与朋友保持联系的小妙招

• 合理安排时间。如果你有很多事情要做的话，可以想一想，该如何在同一时间段内完成多项任务。先把你每天或每周要做的家务或其他杂事都列出来，比如遛狗、参加健身课、买菜、接孩子放学、打理花园和做饭。然后考虑一下，怎么将这些不同的事情更好地规划一下，以达到节省时间的目的。例如，你可能需要把包裹送到邮局、遛狗、与久违的朋友见面聊天，那么，你可以同时处理这三件事情——邀请朋友来一起喝杯咖啡，然后在你（带着狗）去邮局的路上继续与朋友聊天。你也可以与几个朋友共用厨房一起做饭，每人做一道菜，但是菜量可以比平时多一些，这样大家就可以把多出的菜品打包回家，同时还能收获一段与朋友烹饪和聊天的美好时光。

• 用技术改善生活。尝试用微信给朋友发语音信息或录一段短视频。我们可能常常没时间回复微信消息、刷社交媒体或煲电话粥叙旧，更没有时间面对面地交流，但我们也还是可以给对方发微信语音或视频消息，让对方知道你在想着他们。有些时候，发语音消息聊聊自己的近况，并问一问对方的近况就可以创造一种积极的交流氛围。对方可以认真聆听你的消息，想一想自己该如何表达以及有什么问题，并同样发送一条语音回复你。我和我的好朋友伊娃就是这样彼此进行联系的。她生活在加拿大而我住在英国，我们一直都是这样用 Skype 进行深入的沟通。把高兴或愤怒的事情说出来，而且中间不会被他人打断，本身就是很治愈的过程。在录下自己的声音并听到对方的回复之后，我们常常会感觉到心情有所改善。

要注意使用技术手段与他人沟通的过程会带给你怎样的感受。如果视频通话或语音消息让你心情愉快，那当然就可以继续用好这些方法。但是，如果你用 Zoom 和其他人聊得太久，以至于感到疲劳，或是在使用社交媒体之后出现了“比较和绝望”的心态，从而引发了自我批评导致心情沮丧的话，那还是好好休息一下吧。

而如果你能意识到这些技术潜在的好处，只是不太会使用它们，或是由于缺乏技术知识而感到有些落伍的话，也可以咨询社区或附近的图书馆，看看能否报名参加一些相关的课程，从而掌握互联网的相关技能。

6. 学习交谈的艺术

并不是每个人都能随时自然而然地开始一段对话，有些时候，我们可能总是在谈论自己和自己的生活，而忘记给其他人说话的机会。因此，我们要学习如何与其他人以更加平衡的方式进行对话。

练　习

如何开启一段对话

与生活中的其他事情一样，开启对话也是一件熟能生巧的事，不过我们可能偶尔还是需要一些额外的帮助，哪怕与老朋友聊天也是如此。与聊天气相比，下面这些开启对话的问题可以让双方的交流更加深入，从而巩固你与对方的关系。

- 今天或这周有什么特别让你高兴的事吗？
- 在目前的生活中，你觉得什么事会让你感到兴奋？你最享受做什么事？
- 你最近在为什么事情感到烦恼？有没有遇到什么困难或者前进的障碍？
- 你在家里和谁最为亲近？
- 你感到最为自豪的成就是什么？近来有没有什么值得我们举杯相庆的事情？

- 你最近感觉怎么样？有什么我能帮忙的事情吗？
- 如果可以掌握一种超能力，你希望是什么样的能力？
- 你最希望与谁共进晚餐？为什么？
- 你最喜欢的电视节目是什么？
- 如果你现在可以去到世界的任何角落，也无须考虑花销的问题，那你希望去哪里？
- 你最喜欢哪句名言？
- 你想要克服什么困难？
- 你最想去哪里度假？
- 你喜欢听什么类型的音乐？
- 你最希望人们能发明出什么新东西？
- 你最大的成就是什么？
- 你的理想工作是什么？（它和你小时候的理想工作一样吗？）
- 你最失败或难堪的经历是什么？（问这个问题之前，也要做好准备说出自己的答案。当对方真诚地讲述自己失败或感到羞辱的经历时，这场对话一定不会让人感到无聊。）

你越是表现出兴趣并且与对方互相分享自己的感受，就越能建立信任并加深彼此间的感情。

• 尽量让对话保持平衡，多听少说。我们一不小心就会滔滔不绝地讲自己的事情，但独白并非理想的对话。所以，要认真倾听，提出问题，同时避免打断对方的讲述。

• 当在对话中提及其他人的时候，要通过名字或具体事例来解释你是如何认识那个人的。

• 学习理解和使用肢体语言，因为肢体语言对交流的影响超乎我们的想象。例如，在交流中模仿对方会加深双方的联系，因为这会让对方自然而然地感觉到你在关注他们。交谈时保持目光接触，不时点头和微笑，都有助于沟通的进行，也能让双方感觉更加轻松自如。

7. 适当暴露弱点并深化信任

锻炼自己信任的能力，这不仅关乎如何看待他人，也包括更多地将自己的内心展示给你愿意信任的他人，试着让自己在他们面前敞开心房，不要害怕暴露自己脆弱的一面。

谁也无法保证自己永远不会再被别人伤害，但是一段能够带给我们快乐的相互信任的关系值得我们为之冒险。我们的脆弱，正是我们作为人类的美好之处，正是这样的脆弱，让我们得以与他人构筑亲密的关系，彼此间给予和接受善意，这样的关系是弥足珍贵的。

> 正是这样的脆弱，让我们得以与他人构筑亲密的关系。

幸好我们还可以学习建立并赢得信任，培养自信与自我价值，调整自己的思维和行为方式，让自己可以更轻松地向他人倾诉自己的感受。

在你开始信任其他人之后，向他们敞开心扉可以加深彼此的联系。如果你把自己的内心封闭起来，完全不暴露自己的弱点，就无法让别人真正关注到自己。相反，如果你有勇气坦然讲述自己的脆弱的话，也相当于给了别人看清你的机会，只有到了这一步，你与他人的关系才会真正变得深入。

勇气始于大胆地去表现自己。

——布瑞尼·布朗

练　习

看到脆弱的价值

• 尝试展露内心的脆弱并与人分享，而不是保持戒备并隐藏内心的感受。在发现很多人都和自己有同样的感受时，人们总是会觉得很惊讶。比如说，你可能会为他人的批评感到焦虑，不自觉地带着一种防御性心态看待这些批评，或许对方也和你有同样的感受。经过一番讨论之后，你可能会发现这是因为你们都渴望得到认可和公平对待，同时这也与你们对正义和公平的重视有关。又或许，你有“冒名顶替综合征”，在工作中经常感到力不从心，觉得自己迟早会因为不够优秀而被人发现。假如你和别人分享了这种内心的脆弱，那么很有可能，对方也曾在生活的某个时刻有过同样经历。倘若你觉得自己缺乏安全感，试着向对方解释这种感觉，并聊一聊背后的原因。要从自己的角度解决关于信任的问题，而不是去找对方身上的原因，以防出现防御性反应。分享弱点有助于建立沟通的纽带，因为它代表着我们身上人性的、可亲近的一面，表明我们在某人面前足够轻松自如，愿意敞开心扉，接纳对方。这会让对方也做出同样的姿态，从而打破隔阂，建立深度信任。

• 提醒自己，其他人可能和你一样对社交感到焦虑。很多人都在社交这件事上感到有一点胆怯。在担心自己会说错话的时候，与人交谈的确会不那么舒服。有一个办法可以有效消除这种恐惧，那就是时时提醒自己，大家都喜欢不那么完美的人，而且其他人很有可能和你一样紧张。一旦你开始与人交谈并邀请他们敞开心扉，就会发现自己坦诚相待也并非什么难事。与人交流越多，就越能够练习谈话的技巧，也就越能够轻松自如地与他人沟通了。

• 从小事做起。如果对你来说，结识新朋友是一件非常令人恐惧的事情，那你可以先给自己设定一些相对容易实现的小目标。例如，你可以先试着每周给一个朋友打个电话，或是参加一个人数不多的瑜伽课，哪怕是坐在教室的最后也没关系。每一次超出舒适区的尝试都会让你明白，你能做到的事情比想象中要多得多。但只有先敢于做出尝试，才能更好地了解自己，而你的舒适区也自然会随着经验和能力的增加而不断扩大。因此，每当你尝试新鲜事物或实现一个目标时，就会感到自己的能力得到了锻炼。与此同时，如果你能一直朝着一个目标努力的话，焦虑也会得到一定的缓解。

超过 70% 的人在职业生涯的某个阶段，都会出现“冒名顶替综合征”。（我就曾有过这种感觉。不管我写了多少书或是取得了什么资质，抑或是经历怎样触底反弹的困境，我都会在某些时刻质疑自己的能力。这就是我内心最脆弱的地方，现在轮到你来分享了，我知道我们都有相似的经历。）

要点回顾

1. **善于倾听**。有效的倾听可以加深我们与他人的关系，毕竟，“上帝给人两只耳朵一张嘴，是为了要人多听少说”。所有人都渴望让他人倾听自己内心的声音，而我们愿意花多少时间倾听他人说话，他人就会愿意在我们身上投入多少时间。

2. **积极回应**。要记住，每个人都希望得到他人的关注，所以当你认真倾听他人的发言，并在交谈时注意照顾对方的感受时，就能够构建起稳定的人际关系。因此，在与他人交流的时候，要认真听，并提出能够引发对方正向回忆的问题，在回答问题的同时注意自己带给对方的感受。

3. **表达关心**。我们都需要花些时间去让其他人知道你对他们的关心和在乎，这可以加深你与他人之间的感情。同时，也可以组织一些对方会感兴趣的活动，来显示你非常看重你们之间的关系。

4. **表达赞赏**。通过各种方式表达你对他人的感激之情，表示你非常开心能与他们相识相知，让对方知道你最欣赏他们的地方究竟是什么，从而显示出你非常了解他们。由于感恩和欣赏本来就是积极的情绪，所以这样的做法会让对方感觉非常舒服，同时也会让你很轻松。也就是说，让其他人知道自己受到了重视，对我们自己也是有好处的，这是一个双赢的局面。

5. 表达意愿。要想长期维持一段关系，就需要学会为这段关系负责，尤其是需要主动出击，在理解并共情对方忙碌生活的同时，让对方知道你愿意找机会与他联系或会面。当然，这一过程中你也可以处理一些自己的待办事项。

6. 学习交谈的艺术。无论你是非常善于沟通，还是对社交感到恐惧，都应当多去练习沟通的技巧，并在与他人见面前做好准备，这样可以更为轻松地开启对话。一旦谈话有了起色，不再充斥着令人尴尬的沉默，双方也就更能够放松下来，深入了解彼此了。

7. 适当暴露弱点并深化信任。指责和羞愧总是会让我们感觉很糟糕，但是，当我们与他人分享这种感受时，却常常发现彼此间的相似之处比我们想象中要多。更重要的是，与他人分享自身弱点的勇气会鼓励对方也同样敞开心扉，从而消除沟通的障碍，让双方都能更加坦诚地交流，从而建立相互之间的信任。

当你更熟练地掌握了谈话的技巧，提高了自信心，并知道该如何发展并充分利用一段关系之后，就可以想办法与合适的人交往，并让自己从健康、积极的人际关系中受益。

第六章

建立良好的社交关系

NAVIGATING
LONELINESS

我一直觉得，当你真的感觉孤独的时候，这其实是一种对自身真正归属感的逆向觉知。孤独可以让你明白该去向何方。

——大卫·怀特

有研究表明，人们对生活的满意度和身心健康水平的一个影响因素，就是能够从人际关系中获得多少支持。

哈佛大学的研究人员对 724 名成年男性进行了一项长达 75 年的跟踪研究，他们发现，“良好的人际关系不仅会让人们更加快乐和健康”，而且，具体来说，如果生活中有可以依赖的人，我们的大脑功能会更加活跃，神经系统更加放松，情感上的痛苦也会有所减少。

心理学家发现，要想不受到孤独的侵扰，我们至少需要一到两段有意义的人际关系。我们每个人都需要倾诉内心的感受。

然而，人际关系也并不都是一样的。

有多少个朋友并不重要，友情的质量才最值得关注。要想真正远离孤独，仅仅做到与其他人保持联系其实还不够，你真正需要做的是找到适合你的人，并与他们进行深入的交流和沟通。

这也就解释了为何感到孤独的时候，可能你并不是孤身一人的状态。如果你与身边的人性格不合，只是泛泛之交，那也可能会感到极度孤独。

因此心理学家认为，要想帮助人摆脱孤独，仅帮他们认识更多人、建立新的人际关系还不够，还要帮助他们建立有意义有深度的人际关系。

那么，要如何去衡量一段人际关系的质量呢？

这个问题可以归结为你是否能真切地感受到交往的价值，又是否能够与交往的对象互相提供支持。

人际关系里最重要的就是我们的感觉。

你的归属感越强，越能感受到被重视和支持，这段人际关系的质量就越高。因此，正如前一章所说，学习如何尽可能地构建良好的人际关系是非常重要的。

> 你的归属感越强，越能感受到被重视和支持，这段人际关系的质量就越高。

因此，其他人带给你的感受就是人际关系里最重要的事情。所有的人际关系都以此为核心。

人们会忘记你说过的话，忘记你做过的事，但他们永远不会忘记你带给他们的感觉。

——玛雅·安吉罗

一段人际关系的质量取决于：

- 其他人让你如何看待自己
- 其他人让你如何看待周围的世界
- 其他人让你如何看待你与他们的关系

我们要重视与自己的对话，因为这能帮你更清晰地定义自己究竟是谁，从而知道你最适合与什么样的人交往，什么样的人才会让你感到轻松舒适。

一旦掌握了与他人构建良好关系的方法（详见第五章），你就可以通过检视现有关系并探索新的关系来构建自己的高质量关系网络——要想做到这一点，你可以：

1. 了解不同人际关系的区别

2. 与合适的人交往

3. 深入了解不同的行为及其应对机制

4. 认识新朋友并创造互动的机会

5. 寻求帮助

6. 主动提供帮助

7. 通过善意与他人构建关系

1. 了解不同人际关系的区别

你的朋友不一定都是与你相似的人，你们可能是完全不同的两种人，有不同的成长背景或看待事物的观点，但当你与他们相处时，还是会觉得身心愉悦。

同样，在价值观、兴趣和优势方面，你与他人的一致程度也并不一定会影响你们的亲近程度。不过，一个人给你的感觉越好，越值得信任，你就越会倾向于与他（她）变得亲密。在评估哪些关系值得投入更多时间之前，我们需要先来了解不同类型的人际关系有什么区别，它们如何影响我们对孤独的感受，以及我们最应当关注哪个类型的人际关系。

人际关系的类型

我们在本书开篇曾经提到过，生活中一共有三种不同的社交关系（即社交圈的内环、中环和外环），它们分别对应三种不同的孤独：情绪孤独（亲密关系层面的孤独）、社会孤独（社交关系层面的孤独）和生存性孤独（整体的孤独）。

社交圈的内环

与我们有着深厚信任并能够互相提供支持的亲密知交构成了我们社交圈的内环。约翰·卡乔波教授在其《孤独是可耻的：你我都需要社会联系》一书中曾经说过，他在芝加哥大学开展的一项关于孤独的研究发现，如果我们在深夜感到自己需要帮助，有一个可以取得联系并提供支持的朋友非常重要。与一到两个人保持这样的亲密交往可以帮助我们预防心理疾病，保持身心健康。卡乔波教授认为，如果一个人能拥有至少一位亲密的至交，再加上不少于五位重要的“密友”，那么他就不太可能感到孤独，也更有可能将自己的状态描述为“非常快乐”。

社交圈的内环指的是可以为我们提供支持的人际关系，通常包括你在遭遇危机时可以依赖的密友以及家庭成员，如父母、祖父母或兄弟姐妹。这些人是你经常花时间相处的人，也与你有着最深的羁绊——他们是你生命中最重要的他人。

你们最初成为朋友可能是在中学或大学里，从初次见面开始就有了联系。也可能是由于你们常去同一个教堂，或是孩子在同一所幼儿园或学校读书而发展了友谊。又或许是你们在相识之时正有着类似的经历，例如分娩或是从疾病中恢复健康，这就使得你们在当时有了共同的兴趣或相似的目标。你之所以选择让这些关系得到更进一步的发展，就是因为你觉得可以向这些人倾诉内心的感受。他们表现出兴趣，愿意倾听，并会对你表示鼓励和支持。因此，这样的关系是最值得你关注的。

社交圈的中环

社交圈的中环由大约 15 位普通朋友或家庭成员组成，我们通常认为这些人与我们属于同一社交圈。专家把这样的社交网络称为一个人的“同情小组”，其中包含那些能让我们开怀大笑的人，我们愿意与他们聊天，却并不会在更深的层次上去了解他们。因此，他们可能与社交圈内环的人一样与你有共同的兴趣和其他相似之处，但你与这些人的关系并不像与内环的人们那样密切。你与这个群体中的朋友见面越多，并且与他们在各个方面的相似程度越高，交往的质量与感受越好，你的孤独感也就会越少。

社交圈的外环

社交圈的外环包含那些与我们属于同一团体、社区、学校、团队或国家的人，我们与他们之间的联系相对较弱。在这样的集体中，我们能体会到社会认同感和归属感。这些人也许并不是“朋友”，我们可能对这些邻居、同事和队友的了解非常有限，也许就只知道他们的名字、职业或居住的地址。我们可能仅仅会和他们聊聊天气或是其他没什么实际意义的话题，但与社交圈外环的人保持一定的互动还是会让人感到安慰。

社交圈外环中还包含一些通过社交媒体保持联系的同学，他们可能和你有共同的好友，在艺术或体育方面有过相似的兴趣，或是和你一起参加过某些志愿活动。

正如本书开头所讲，每一种社交关系都可以帮助我们抵御相应类型的孤独，所以你所感受到的孤独就决定了你应该更多地去关注哪一种社交关系。

如果你觉得身边没有可以倾诉的人（情绪孤独），那就应该把精力花在社交圈的内环上，多去发展更亲密的人际关系。如果你有可以一诉衷肠的密友，却没有一个能够提供支持的社交网络，那就应该多关注一下社交圈中环里的人际关系。而如果你有很多血缘关系上的“熟人”，却觉得和他们都很疏远，那就可以在社交圈的外环上多下点功夫——去寻找更多与你有相似之处的人，哪怕与他们只是泛泛之交，这也能带来更强的归属感（你可以加入社区里新手父母的互助群、宠物主人的社交群、读书群或运动群）。如果你同时感受到三种不同的孤独，那么尽管你可以尽力去构建三种类型的社交关系，但还是应该重点维护好社交圈的内环。

为了让自己有更明确的努力方向，我们都应该花一些时间来研究谁适合哪个社交圈，以及自己最应该为哪些社交关系付出努力。

练 习

画圈圈

• 找一张白纸，在纸的中央用茶杯口画一个圆圈，并在圆圈里写出不超过六个属于你社交圈内环的人的名字：他们都是能让你倾诉、依赖并愿意花时间共处的人。

• 然后，在小圆圈外面用碗口画一个稍大一些的圆圈，并在这圆环里写下1～15个人的名字：这些人经常和你聊天，与你有共同点，但是你和他们的交情却没有那么深。

• 接下来，用一个更大的搅拌碗画出社交圈的外环，并在外层的圆环里写下邻居、同事或其他团体的成员的名字。这些都是你很熟悉的人，你会经常与他们聊天，但他们还不足以成为你的“朋友”。通常情况下，我们并不会意识到这些人有多么重要，但做完这个练习，你就会知道，邻居的一个微笑或打招呼的动作其实比你想象的要更加重要。

• 仔细思考你与这些人的关系如何，并用分数来评价每个人带给你的感觉有多好（满分为10分）。

• 换一支颜色的笔，在每个名字的旁边，写下你能从和这个人的关系中得到什么，例如：爱、支持、笑声、快乐、鼓励、关注、建议、知识等。

• 不同社交圈里的人有没有移动的空间？例如，中环和外环里有没有让你感觉交往起来非常舒服，并且想要进一步了解的人？同样，在内环或中环当中，有没有让你感觉不太舒服，并且想减小与他们打交道的频率的人？

• 做完这个练习，你可以采取哪些行动？把它们写下来。这些行动可以帮助你更好地认识身边的某些人，并改善你的社交关系。

这个练习可以用来评估自己的社交关系（包括内环、中环和外环）是否能保护自己免受孤独（包括情绪孤独、社会孤独和生存性孤独）的侵袭。接下来，还需要评估现有人际关系的质量如何以及是否值得投入精力去维护它们。

2. 与合适的人交往

在更深入地了解了自己之后，在走出家门结识新朋友之前，一个必不可少的步骤就是梳理现有的人际关系，确保自己是在与合适的人交往。

因此，你需要像查看银行账户中的余额那样，仔细查看自己“社交账户”中的关系余额。“社交账户”本质上就代表了你目前拥有多少高质量、健康的社交关系。

每当你采取行动增进现有的人际关系，或与新朋友构建高质量的人际关系，或从“账户”中消除一个低质量的不良关系，你的“社交账户”就会有更多余额，你对孤独的易感性也会随之降低。归根结底，你越能够把精力投入在适合你的社交关系当中，“社交账户”的余额就会越可观。

> 你越能够把精力投入在适合你的社交关系当中，“社交账户”的余额就会越可观。

练　习

检视人际关系的质量

忠诚度与相识的时间固然很重要，但在缓解孤独方面，还是幸福感和交往对象带给你的感受更加重要。人际关系可以给我们带来喜悦、快乐和支持，但也可以带来悲伤、沮丧和灰心。与我们交往的人可以治愈我们的内心，也可以让我们感到心碎。他们可以带来活力，也可以耗尽我们的精神。

所以，我们需要花一点时间来评估一下自己的人际关系，看看身边的人到底给我们带来了什么样的感受。

- 看一看你在社交圈中环和内环里写下的人名，把符合下列描述的人的名字写在一张纸上，或直接写在书里每一行描述的旁边。
- 可能有些人名会被你写下不止一次，也有可能有些描述很难对应到具体的人，这些都没关系，因为在接下来的章节中，你就会读到该如何结识新朋友，或者如何与能满足这些描述的人修复关系。

- 谁能给你带来活力，为你的生活添加一抹亮色？
- 谁会经常鼓励你，就像是你的啦啦队一样？
- 谁是你最信任的知己？
- 谁会永远坚定地维护和支持你，永远陪在你身边，与你共同面对困难？
- 谁是你的开心果？
- 与谁在一起的时候你最能做自己？（这一点值得深思，当我们不得不隐藏真实的自我，并且为了融入社交场景而进行伪装时，就会出现缺乏真诚和深度的伪社交。）
- 谁最愿意倾听你讲话，并能对你讲的事情表现出真正的兴趣？

再次回顾你在社交圈中环和内环里写下的名字，并思考以下问题。

- 是否有人在不断消耗你的精力？

- 是否有人反复评判你或欺负你？
- 是否有人经常让你感觉很紧张或压力很大？

你可以把出现在第二张问题列表中的人从你的社交圈中完全移除，或至少要明白，这些人际关系是需要调整或修正的（详情请参阅第200页“深入了解他人的行为与自身的反应”练习）。

接下来，用下列问题审视社交圈中环和内环里的每一个人，他们是否：

- 关注你，愿意听你讲话；
- 尽力去更好地了解你；
- 让你感受到支持、欣赏与认可；
- 让你觉得在遇到困难时可以向他们寻求帮助；
- 经常鼓励你，并与你共同庆贺你取得的成绩；
- 与你有共同的价值观；
- 经常让你开怀大笑；
- 为你提供归属感。

如果有人能至少满足五项上面的描述，那就说明你与他们的关系大概率是高质量的关系。

如果有人能满足前四项描述，那你们之间的关系几乎必然属于高质量的关系。

但如果有人没能通过这样的人际关系审核，那该怎么处理呢？

3. 深入了解不同的行为及其应对机制

在将其他人从自己的生活中剔除之前，还需要更仔细地思考自己在之前的练习中给出的答案，因为这些答案可能未必与你周围的人有直接的关系，而是更多地受到了你自己的经历、不安全感和想法的影响。

比如说，在对方是否能让你“有归属感”这个问题上，如果你回答了“不能”，那对方是曾经冷落了你或让你觉得自己不够好吗？如果真的是这样，背后的真正原因会不会是你在融入过程中出现了不安全感，或你们有着不同的价值观，而不是他们的行为方式真的有问题。例如，他们可能对自己的家庭或外表感到自豪，但这可能会让你怀疑自己是不是还不够努力；又或许对方取得了很高的成就，这可能也会让你觉得相形见绌，尽管你自己其实也有很多令人钦佩的品质；

对方或许有非常强的健康意识，从而让你觉得自己做得不够好。但是，只要对方没有尖刻地评判你，那么上述感觉就并不是由对方引起的。重点就在于，每个人都是独一无二的，即使是再亲近的朋友也可能会有不同的价值观、生活方式和最关注的事情，但只要我们能关注对方的感受，愿意听取对方的倾诉，那即使双方不分享这些内容，也并不一定意味着归属感的缺失。

因此，在把老朋友从生活中彻底清除之前，还是要考虑一下你与对方的关系是否还值得投入精力去挽回和补救。有些时候，从人际关系的层面治愈自己并探究自己的应对机制，可以让现有的关系变得更加强大，同时可以让我们学会如何更好地结交新朋友。

在证明自己的价值并对自己进行评估时，我们需要平衡内在和外在的因素，而在评估自己的人际关系时，找到这样的平衡也同样非常重要。一方面，你需要体会不同的人带给你的感觉，从而想明白哪些关系值得自己投入精力，另一方面，你也需要认清自己在这些关系中所扮演的角色，看看是否也需要关注一下自己情绪的诱因及反应模式。

练　习

深入了解他人的行为与自身的反应

曾经的创伤，原生家庭父母的养育方式以及由此带来的反应机制都可能会破坏现有和潜在的人际关系。在特定情况下，你可能会下意识地把自己“武装起来”并把别人推开，也有可能会被刺激做出过度反应。

这些消极的互动可能会导致你消极地看待和某个人的关系，并打算要远离他们。然而，我们不应该轻易下定这样的结论，而是需要反思一下自己情绪的诱因，并带着同理心去思考其他人为什么会做出特定的行为。培养自己对每个人行为背后原因的理解能力非常重要，因为这能帮助你构建出更稳定优质的人际关系。

• 回顾自己对其他人有什么样的下意识反应。首先，选出一个你觉得交往起来有点困难，或对他们有负面看法的家庭成员或朋友。例如，可能某个人说的话让你觉得很不舒服，所以你觉得他不够友善并选择与其保持距离；又或者当某一家庭成员不考虑你的意见时，你就会对他发火；也有可能你的配偶总是在批评你而不是鼓励你，而这让你感到非常困扰。

• 带着同理心反思为何其他人会有特定的行为和（或）你为什么会有特定的反应。思考你与对方的价值观分别是什么，以及这些价值观会如何影响双方的行为。也许你的价值观是非常重视公平和正义，因此，在其他人使用指责的语气时，你就会自然而然地出现防御性心态。也许对方习惯于把其他人放在第一位，所以当其他人不需要他的帮助时，他就会感到很难过。如果你非常重视诚信，那就会无法忍受任何不诚实或偷偷摸摸的行为；而如果对方是一个完美主义者，那很可能对其他人也抱有同样高的期待。例如，总是发表负面言论的人之所以有这样的行为，是不是因为他在过去曾受到过伤害，并把语言上的发泄作为自己的防御机制？他们的言论是否只是为了引起你的关注并争取你的回应？有没有可能他其实很想和你交朋友，只是苦于不知道该怎么做呢？

也许你会因为家庭成员不考虑你的想法而发火，因为这引发了你对幼年时被忽视的痛苦回忆。但或许在深入探寻这一问题之后你就会意识到，其实他们经常询问你的意见，除了他们知道你很忙的时候（也就是说，你的家人是会为你着想的）。或许只是有些时候，他们不太清楚某件事情对你来说到底有多重要，或是你的反应机制的来源是什么。

也许你因为配偶总是批评你却很少夸赞你而感到困扰，因为你的父母就会经常鼓励你，你非常想念这种感觉，并因此抗拒周围批评的声音。但是不是你配偶的父母就很少鼓励或赞美他，所以他从小就没有这样的榜样呢？是不是对方的成长经历使得他极度渴望取悦父母，从而成为一个对自己要求严苛的完美主义者，并因此也对你有很高的期望呢？

• 采取行动，想办法减少自己的消极反应，表现出对他人的理解，并改善你与对方的关系。

例如，对于那些经常发表消极言论的人，你可以给他们一个机会，更加热情地对待他们，并忽略他们的批评和戏谑。也许你的温暖会融化他们的负面情绪，让他们更容易向你敞开心扉；也许你会见到他们的另一面，并逐渐能够享受他们的陪伴，而无须再去刻意回避对方。就算是没有做到这些，你也知道自己已经尽力了。

或许你可以向伴侣解释一下，为什么自己在感觉被忽视时会做出特定的反应。这可以帮助你疗愈内心的创伤，同时让对方更深入地了解你的需求，并帮助你避免在未来频繁出现过度反应。

如果你的完美主义配偶从不鼓励你，而总是指出你哪里做得不够好的话，或许你也可以选择放轻松，更坦然地接受对方的评价，并将其视作能帮助自己做出改进的建议。与此同时，你可以从其他更倾向于提供正向反馈的朋友那里获得鼓励和欣赏（当然，自己也可以鼓励和奖励自己）。

以这样的方式审视他人的行为和自身的反应，可以引导自己放下旧日的创伤，带着同理心和接纳的态度继续前行。如果我们能换个方式看待问题，站在他人的立场，去理解他们的生活经历是如何影响了他们的观点，那么我们也就能够更深入地理解自己的默认反应机制，以及为何双方都会以某种方式作出反应。

一旦你通过这样的方式审视了现有的关系，就能够做好准备去维护已有的良性关系，并敞开心扉去寻找适合自己的新朋友，从而培养新的、高质量的人际关系。

做好准备，积极行动吧！

培养自己对每个人行为背后原因的理解能力非常重要，因为这能帮助你构建出更稳定优质的人际关系。

4. 认识新朋友并创造互动的机会

社交听起来可能会让人感到有一些畏惧，所以你需要让自己先做好准备，即提高自信心并坦然接纳自己真实的面貌。

不过，有意愿与新朋友见面总归要比不愿尝试好得多。前者可以创造机会建立新的人际关系，而后者则只能让你在原地打转。

无论你生活在繁忙的都市还是宁静的乡村，都会有很多种结识新朋友的方法。加入一个小团体是认识潜在新朋友的最直接的方式。事实上，很多心理治疗都包含支持小组的治疗形式，这是因为有研究表明，成为一个团体的成员可以治愈情感方面的创伤并缓解压力。加入团体还能带来共时性的体验，因为人们会互相分享和倾听，讨论问题并作出回应，讲述各自的故事并将自己的经历与他人的故事联系起来。团体成员之间互动的方式具有治疗意义，也能为彼此提供支持。

从远古时代开始，当原始人开始围坐在篝火边的时候，人类就已经时常会进行聚集性活动了。这样的活动可以创造一种自然的交流方式，所以加入一个自己感兴趣的团体是摆脱孤独的绝妙方式。无论是读书会、艺术团、支持小组还是合唱团都没问题，只要团体里的每个人都有一些共同之处就可以。

尽管我们不太常对社交圈中环的人敞开心扉，但对方一个善意的微笑或营造出的熟悉和认可的感觉足以激发我们的归属感。有些情况下，在团体活动中认识的人也可以成为我们的亲密伙伴，并走进我们社交圈的内环。

练　习

承诺加入

• 培养一个新的爱好（旧有的爱好也可以）。报名参加一项课程，更多地了解你从未尝试过的新鲜事物，例如烹饪、陶艺、摄影或徒步旅行。参加这样的课程可以带来双重收获：一方面，你可以提高某项技能；另一方面，你还可以与志同道合的人一起做喜欢的事情。

• 加入专门应对某种情况的团体，缓解相应的孤独感。如果你是一个新手父母，加入社区的母婴群可能会很有帮助；如果你因为失去亲人而感到孤独，则可以通过加入丧亲支持小组寻求帮助；如果你在退休后感觉自己与社会脱节，无事可做，那么就可以通过加入“第三年龄大学”——一个旨在鼓励老年人分享知识、技能和兴趣的学习小组，来缓解孤独的感受。

• 在网上或当地的报纸上寻找当地的合唱团、艺术团或舞蹈课程，然后全身心投入地尝试一次。无论结果如何，你的收获都会比损失要大得多。有研究表明，大家一起唱歌可以制造“破冰效应”，所以参加合唱团最有可能体会到令人满意的社交关系。结伴跳舞也是打破社交障碍的好办法，因为协调的动作和共同的兴趣都能促进人与人之间的交流。除此之外，在我们唱歌跳舞的时候，大脑还会额外释放内啡肽，因此，参加这样的活动非常有可能给我们带来良好的体验。

用好网络工具

很多人都把日益增加的孤独感归咎于技术，但是，如果能够以更加平衡的方式加以运用，网络也可以帮助我们摆脱孤独，当我们在社会上被孤立的时候，更是如此。

在新冠病毒全球肆虐期间，由于隔离措施，人们经常无法与他人面对面地进行交流，于是全球各地的人都会使用Zoom、WhatsApp和Houseparty等应用程序展开虚拟交流。很多人都是通过线上约会平台认识了自己的伴侣。我们还可以在社交媒体上寻求与我们志同道合的人，加入与自己的兴趣相关的网络社区，同时也能认识其他住在附近的居民。如果你对社交感到焦虑的话，加入线上社群可以让你在家里与他人交流，这是一个认识新朋友的好方法，因为你可以在新朋友见面前先培养自信并为新的人际关系奠定良好的基础。

正如世界各地的人们在疫情防控期间发现的那样，封锁期间我们无法与他人进行实际联系，而社交媒体可以成为连接志同道合的社区和与你有相同兴趣的群体的绝佳方式。如果你有社交焦虑症，加入网上团体，在自己家里安全地与人交流，可以是一个认识新朋友的好方法。这一方法帮助我们在线下见面之前获得自信，进而建立新的关系。

练　习

构建线上社交圈

• 想清楚自己想从虚拟的人际交往中获得什么。是想找到爱情，还是想寻找与自己有相同爱好的朋友？抑或是你想要认识更多当地的父母，与他们在网上开启一段友谊，而且日后可能还会在线下见面？

• 如果想与生活在附近的人联系，可以在社交媒体上寻找当地的一些社团或小组。如果你想在网上寻找与你志趣相投的人，可以用搜索引擎找到一些符合你兴趣的线上论坛。创建账号并填写个人资料来介绍自己，或者在加入小组后为已有的帖子写评论，你可以通过这样的方式参与小组讨论，并逐渐了解小组的其他成员。

• 运用技术去增强现实中面对面的交流，而不是完全替代它。

• 监测移动设备的使用情况，在需要保持专注的时候把手机收起来，同时要在抬头看屏幕（线上交流）与不使用网络（线下交流）之间寻求最适合自己的平衡点。

• 看清社交媒体上的假象，避免“因与他人作比较而感到绝望”，并时刻提醒自己，滤镜掩盖下的帖子并不能够反映现实，所以没有必要将你发布的短视频与其他人的精彩剪辑进行比较。

关注现实生活

尽管新的技术让生活更加便利，很多事情做起来都容易了很多，但从某种程度上来说，技术也减少了我们与其他人面对面交流的机会。

现如今，我们可以在网上购物，并且在没有任何人际互动的情况下收到货物。即使是在实体店购物时，我们也可以选择自助结账，而不用与任何人讲话。同样，人们也可以居家办公。但是，如果我们参加那些能够创造人与人沟通的机会的活动，就可以在日常生活中重新构建起线下的人际关系网络。

练习

构建线下社交圈

开动脑筋想一想，还可以把你觉得可行的其他活动也添加到这个清单当中。例如，你可以：

• 定期在附近的同一个地方购物，不选择自助结账而是找工作人员使用收款机帮你结账。

• 养一只宠物。宠物可以提供陪伴，缓解孤独感，还可以让你有机会去认识其他宠物的主人。而如果是需要每天带出门遛的宠物，你还可以多出门走走。

• 构建有规律的日常生活。定期在附近的公园散步等活动可以让你认识有同样习惯的人。而且，如果能够经常看到同住一个小区的邻居，有机会和他们打个招呼或挥挥手的话，都有助于让我们感受到自己与邻居的联系。

• 如果你还想到了其他能让自己出去走走并创造与他人交流的机会的好方法，也可以把它们都写在这里。

5. 寻求帮助

除了小组支持之外，感到孤独的人还可以寻求各种不同形式的支持与帮助，包括：

• 有相同兴趣爱好的人组成的社会团体

• 午餐俱乐部

• 一对一的交友项目

除此之外，还有许多基础服务能够提供交通、技术等方面的指导，帮助你提升和改进现有的人际关系。

另外，还有一些方法可以创造合适的环境，从而缓解孤独感。这些方式称为“结构性促进因素”，其目的就在于通过在邻里社区内开展新的项目，让老年人感受到老年生活也同样充满机遇，类似的项目包括“痴呆症友好社区”、第三年龄大学与老年友好城市等。

与此同时，在英国和其他国家，“连接社区”项目已经建立了许多社区级别的活动站，让生活在同一街区的人们能够为了同一个目标相聚。如果你不会开车或觉得独自参加俱乐部的活动有点尴尬，志愿者通常都可以开车送你去参加午餐俱乐部，有一些活动的主办方还会为新加入的成员举办社区街头派对，这样你就可以认识周围的邻居并加强自己与社区的联系了。

不同年龄阶段的人所需的帮助也有所不同。橘子酱信托基金会为那些本来独自度过圣诞节的老年人组织圣诞聚会，同时还提供电话匹配交友的服务。“Mush”是一个由两位孤独的母亲创建的免费应用程序，她们在一个下雨天的操场上相遇，一拍即合决定开发一个能够帮助妈妈们互相认识和交友的应用程序。“Motherload”是一个与此类似的应用程序，旨在帮助新手妈妈消除孤独感。“In Good Company”提供跨代际的项目，即创造机会让年轻人和老年人进行交流，同时与老年人分享数字技能。

从旨在“帮助你找到归属感，意识到自己并不孤单”的“心理健康伴侣（Mental Health Mates）”项目，到“砂锅俱乐部”——让志愿者把多出来的饭菜分享给附近无法自己做饭的人或可能感到孤独的人，社会中有大量这样的活动和社团可以为孤独的人提供帮助。

你也可以在住处附近寻找并加入一个 Meetup（聚会交友）小组，这样的组织大多是针对那些刚刚搬家过来，并希望找到新朋友的各年龄段的人来开展活动的。

当你感到孤独、焦虑或抑郁时，其他人可能很难洞察你的情绪，他们也许真的没有注意到这些方面。但这并不意味着其他人不关心你，只是他们不太知道你的感受。因此，要学会寻求并接受帮助。要记住你并不是别人的负担（事实上这是一个不准确的想法），上文提到的这些项目和活动就是专门为了帮助处于你这种情况的人而开展的。

练　习

如何寻求帮助

想清楚你要与谁联系：有没有可以联系的家人、朋友、邻居或同事？要确保你有他们的座机号码、手机号码和电子邮件地址（有些时候，通过电子邮件或短信来开启对话，可能比直接面对面交流更容易一些，所以给自己多一些选择还是很有用的）。

如果你感到孤独，觉得没有人能帮助你的话，那么可以给你的全科医生打个电话，预约一次会面。

你不必单纯因为自己的感受（如孤独、抑郁或焦虑）去和全科医生见面。如果真的约见了，那他是一定可以提供帮助的。此外，你也许本身是因为身体不适而去看医生，但在就诊过程中却发现，自己是因为孤独才出现了健康问题。在这种情况下，医生不仅会为你提供药物治疗，还会将你转介给一位人际关系方面的专家，让他来帮助你应对孤独。这位工作人员会依照你在身心健康方面的个性化需求，给你创建一个定制化的计划，其中可能包括介绍你参加以艺术或探险为主题的治疗小组或是在大自然中徒步的项目，甚至是冲浪活动，同时也会为你提供住房、债务以及就业方面的咨询。

6. 主动提供帮助

除了寻求帮助之外，为他人提供帮助也有助于有效缓解孤独的感受。有些项目旨在通过志愿活动创造良性循环，让接受服务的人也能够成为志愿者。也就是说，你可以选择在接受志愿服务之后，自己也成为志愿者去帮助其他有需要的人。在有些公司，员工参加特定志愿活动期间，公司会照常支付薪水给他们，这也是企业社会责任的一种体现方式。

志愿服务也是认识新朋友的绝佳方式，同时也可以作为社区的一分子与大家一起做一些善意的事情。志愿服务的另一项好处在于服务他人能带给我们的良好感觉。研究表明，帮助他人可以提高我们的幸福感，同时改善身心健康。

送人玫瑰，手有余香。

可以看出，志愿者的工作不仅可以服务他人，也可以帮助志愿者自己。其背后的原因就在于，积极的影响通常都是双向的，志愿活动可以让志愿者感觉很好。首先，志愿活动本身非常有意义，可以为志愿者带来使命感。其次，善意的行为可以创造出积极的情绪，让人体会到“给予的快乐”。

研究幸福的心理学家认为，有六个重要因素可以支撑个体的发展和最佳状态的实现，而志愿者通过一个行动就可以覆盖其中的两项内容。

马丁·塞里格曼教授是幸福心理学领域的开创人之一，他认为心理健康有五个可衡量的关键因素，这五个因素的英文简写为 PERMA[①]，其中每一个因素都有助于个体的发展并实现最佳状态。近年来，身与心之间的联系得到了越来越多的重视，因此，第六个因素——活力（Vitality），也被加进了幸福心理学的框架之中，缩写也变为了 PERMA-V。这六个重要因素分别是：

1. 积极情绪
2. 投入
3. 人际关系
4. 意义
5. 成就
6. 活力

志愿服务通常以团队的形式进行，需要大家为了实现共同的目标而努力，所以志愿工作可以包括许多与幸福心理学相关的因素，比如“投入”“人际关系”和“成就”。而且，如果工作的内容还包含一些体育活动的话（例如，带领成员

① PERMA为五个词组的首字母缩写，这五个词（组）分别是Positive Emotion（积极情绪）、Engagement（投入）、Relationships（人际关系）、Meaning（意义）、成就（Achievement）。

去乡间散步或是其他形式的锻炼），那么其他的积极因素也可以有所体现，包括“活力”。

不过，志愿服务所涉及的两个主要积极因素依然是由帮助他人所带来的积极情绪以及做有意义的工作所带来的使命感。

维克多·弗兰克在离开奥斯维辛集中营之后，完成了《活出生命的意义》一书。他在书中写到，生活的目的可以给予我们活下去的意义和希望，以及应对困境的勇气。二战开始前，弗兰克是一位精神科医生，他注意到那些能够安慰别人并把自己仅剩的食物与他人分享的人可以活得更久。这就证明，他人可以剥夺我们的一切，但是我们永远有能力去选择自己在任何环境下的心态，找到生命的意义和目的，从而更好地活下去。

特里·韦特在被囚禁的五年中，凭借对人道主义工作的信念而坚持了下来，他曾这样说：“当你为一件事奉献自己的时候，其实自己也会从中受益，这样的做法对自己也是有好处的。”

练　习

提供帮助

• 在阅读之前的章节时，我们曾思考过自己最关心的事情是什么、特长和天赋是什么以及最喜欢做什么事情。现在，请参考自己对于这些问题的答案，并据此判断自己最想把时间花在什么类型的志愿或慈善活动当中。

• 通过搜索引擎在网上找到不同的慈善机构以及当地举办的一些慈善项目或活动。如果你无法上网，也可以去当地的图书馆寻求帮助来完成这项任务。

• 进一步了解你选出的这些机构或项目，访问其官方网站、给他们发邮件或打电话，这些方式都可以。大多数慈善机构都有专门的人来负责解答疑问，并为感兴趣的人解释他们希望招收到什么样的志愿者、志愿者需要承担的责任以及申请成为志愿者的流程。

7. 通过善意与他人构建关系

让自己开心的最佳方式，就是努力让别人开心。

——马克·吐温

与志愿服务一样，日常生活中的小善举也会带来双向的积极影响：从向邻居发去问候，到为那些看起来有些难过的人送上一束水仙花，再到一个简单的微笑。所有这些善意的行为都能给我们一种使命感，让我们感觉自己更加强大，并且与身边的人有更深层联系。

因此，无论我们在善意的活动中投入了多少时间、金钱、精力或心血，我们都能获得回报，其中包括积极情绪、使命感以及社交关系等方面的改善。有些时候，孤独之所以让人感到痛苦，不是因为你觉得没有人可以分担你的压力，而是因为你只需要承担属于自己的那份压力。为他人提供帮助是人类的本能，因此有意地向他人表达善意，可以让我们不再觉得自己只需要解决属于自己的问题，从而缓解孤独感。

善意的行为会激活我们大脑中的“奖励中心”（即伏隔核）。在俄勒冈大学进行的一项研究中，研究人员发现，人们在自愿作出捐赠的时候，大脑中的“奖励中心”会被激活并开始释放内啡肽（缓解疼痛、让我们感到放松和快乐的激素），这也证明了，在给予他人帮助的时候，我们的确能“手有余香”。同时也解释了为什么做出善意的举动，甚至只是思考善意的行为都能让我们的大脑活跃起来。除此之外，善意也可以让大家更加团结，从而更好地进行合作。

这一切都意味着，当我们真正做一些有益于他人的事情时，自身也会感觉非常好。

在 2002 年《心理科学》期刊刊载的一篇文章中，马丁·塞里格曼和埃德·迪纳等心理学家记录了他们针对非常快乐的人的一项研究，其结果表明，善举比实验中包含的其他活动都更有利于人们的心理健康。

更重要的是善意的举动也可以加强我们的归属感。如果我们能做出超出人们预期的慷慨行为，这种无私的精神就可以让我们扎根于邻里社区。如果我们总是善待邻居，那就更有可能成为社区中不可或缺的一员。

练 习

心怀善意

• 把善意的行为集中在一起做完，比如花一个上午、一个下午或一整天的时间来做这些事情，而不是把它们分散到一周之内做完。心理学家发现，相较于没有计划地随机行动，留出特定的时间来做这些小事会对幸福感有更大的影响。

• 向社区的新成员表示欢迎，并想办法让那些在附近生活了很长时间的人也能感觉到自己是社区的重要一员。你可以在新搬来的人家的信箱里塞一张欢迎卡片或者配上一张周边街区的手绘地图；也可以邀请邻居们分享自己的拿手好菜，为大家创造一个共进晚餐的好机会。

• 不断尝试。列出一些可行的善举，并简单设定一个预算，例如，你可以买一小束花，做一些书签，再攒一把硬币。然后，在你情绪低落的时候，你就可以走上街头，把硬币放在停车计时器上，把写有温暖语句的书签放进图书馆的书里，再把鲜花送给推着婴儿车的母亲或其他看起来需要帮助的人。

• 有些时候，你可能会计划一些善意的行为，比如给最近在工作上遇到压力的家人或朋友寄一个小礼物。但也有些时候，你会自然而然地做出一些表达善意的举动。例如，为在你身后排队的人买一杯咖啡，或是在公交车上为带着孩子的母亲让座。在生活中，留心注意什么样的事情可以让他人感到开心，并充分享受给予的快乐。正如伊索（《伊索寓言》的作者）所说：“善行不让小，从来不唐捐。”知道还有人关心着自己本来就能带来莫大的安慰，即使这份关心是来自一位陌生人。更重要的是，在采取行动摆脱孤独的时候，我们一方面可以通过参与俱乐部和当地的活动来使自己获得帮助，另一方面，如果在感到孤独的时候还能知道有人在关心着我们，那也会好受很多，因为这可以让我们在独处时将孤独的痛苦转化为独处的慰藉，并让你能够彻底步入新的、远离孤独的生活。

要点回顾

1.了解不同人际关系的区别。我们不应该对所有的社交关系都一视同仁，因为不同的社交关系在质量和深度方面都有很大的区别。这主要取决于我们与他人见面的频率，双方的契合程度，以及最重要的一点，即对方会带给我们什么样的感受。而且，我们也不应该只去关注那些与自己最亲密的家人和朋友而忽视了其他人，因为不同类型的人际关系可以对抗不同类型的孤独，所以我们在社交圈的内环、中环和外环都要有对应的人际关系，这样才能够让我们更有归属感。

2. 与合适的人交往。你越了解自己，就越能够与感到亲近的人构建出真诚的关系。这些人可能与你有截然不同的个性和优势，和你有不同的成长背景，甚至与你持有不同的观点。但只要你们的价值观相似，喜欢做同样的事情并且能让彼此感到轻松和愉快，那你们的关系就一定能够禁得起时间的考验。

3. 深入了解不同的行为及的应对机制。在与人交往的过程中，出现冲突并为此感到难过是很正常的事，但这并不意味着我们就应该放弃这段社交关系，因为它同时也能够以其他的方式帮助我们成长。如果你能够在与他人交往时，放下绝对的正义感，不再执着于分辨谁是谁非，并能够带着好奇心去探究自己的反应，同时尝试从其他角度看待问题，那么你就可以构建和谐的社交关系，治愈过往的创伤，并增进现有的人际关系。

4. 认识新朋友并创造互动的机会。想要交朋友的话，就不能总是等着别人来找自己，而是要积极主动地去与他人进行互动，尤其是那些让我们感到亲切或是与我们有共同兴趣的人。

在外活动的时候，我们要有意地创造机会与这样的人交流沟通。此外，现在还有许多项目和社区的活动都可以把兴趣相投的人聚集在一起，重点是你要主动参与其中。

5. 寻求帮助。当你寻求帮助时，其实是在给其他人一个机会，让他们能够在帮助你的过程中有所作为，并收获成就感。这也会让你感到更加轻松，因为与他人分享问题本身就能缓解你的压力。

6. 主动提供帮助。为他人服务会让我们意识到自己的价值，从而获得成就感和心理上的满足感，同时，这也是一个社交的好机会，可以让我们加强自身与社会的联系。要记住，赠人玫瑰，手有余香。

7. **通过善意与他人构建关系**。互相支持的关系就意味着双向的给予和接受。支持他人与接受他人的支持都是有益于身心健康的，而且有些时候，帮助他人对我们的益处会更加显著。善意的举动不仅可以让我们享受到“给予的快乐”，还可以让我们扎根于邻里社区，强化我们的归属感。

结语 寻求平衡

当你感到孤独时，要记得：毛虫总是能在孤独中化茧成蝶。

——曼迪·赫尔

什么事情都不宜过度——无论是巧克力、酒精、奶酪，还是过长时间的社交和独处都是如此。哪怕是在监狱里，单独监禁时间过长也会导致囚犯出现身体和心理的问题。但是，如果你没有任何独处时间，身边总是围着一群人的话，身心健康也会受到负面影响。

我们都需要有支持性的人际关系才能够正常地工作和生活，我们也需要学会享受独处的时间和空间，这对我们心理健康同样非常重要。

我们要做的就是在社交活动和独处的舒缓与慰藉之间寻求一个平衡点。

婴儿的生活可以证明这一点。婴儿在生活中完全依赖监护人，父母需要喂养他，抱着他去到各种地方，还要给他更换尿不湿。然而，研究显示，婴儿也会不时离开父母，他们这样做不仅是为了睡觉，同时也是在遵循想要脱离父母的内在需求。

人类是相互依存的。作为成年人，我们也要依赖其他人才能生活。例如，我们需要农民和自来水公司为我们提供食物和自来水，尽管我们几乎不会与这些人有直接的接触。

研究表明，拥有支持性关系常常意味着一个人能过上长寿且幸福的生活。不过，独处也可以为我们的身心健康带来益处，对于整天都要和他人聚在一起工作的人来说尤为如此。每个人都需要独处的时间来调整自己，休养生息。

此外另一项研究表明，青少年如果能平衡好社交与独处并充分利用好独处的机会的话，就可以更好地适应周围的环境，并充分享受社交带来的快乐。

尽管现在生活的快节奏和对效率的过分强调阻碍了我们对自我内心的探寻，但我们还是要尽量在内心与外在、喧闹与平静、社交与独处之间找到恰当的平衡点，因为这非常重要。

希望本书能帮助你在社交与独处、互动与孤独之间找到平衡，能够一小步一小步地逐渐感受到自己与社会更深刻的联系。

无论我们的社交圈是大还是小，它都能满足我们对人际关系的需求，但我希望你能够具备一定的与内心的自己交流的能力，鼓励自己、支持自己、像最好的朋友那样关心和爱护自己。衷心希望读过本书之后，你能够了解到社交支持可以带来的指导、鼓励和安慰，同时也能运用一些工具帮助自己构建正能量的社交圈，让自己和周围的人都能逐步摆脱孤独的阴影。

希望这本书能帮助你认识孤独、管理孤独，并从中找到你所需要的支持从而走出孤独。同时也希望你能改变对于独处的一些看法，更好地与自己内心的声音去沟通，并建立自己的抗御能力，以便在感到孤独时能够更好地做出应对。

希望现在的你也知道了该如何构建正能量的社交圈，在帮助自己摆脱孤独的同时也能帮助他人摆脱痛苦。让我们彼此守望相助，共同迎接更美好的生活。

图书在版编目（CIP）数据

孤独缓解手册 / （英）谢丽尔·里克曼（Cheryl Rickman）；
杨霏儿译. —长沙：湖南人民出版社，2023. 5
ISBN 978-7-5561-3075-7

Ⅰ. ①孤… Ⅱ. ①谢… ②杨… Ⅲ. ①情绪—自我控制—通俗读物
Ⅳ. ①B842.6-49

中国版本图书馆CIP数据核字（2022）第180766号

孤独缓解手册：享受独处 拥抱孤独

GUDU HUANJIE SHOUCE: XIANGSHOU DUCHU YONGBAO GUDU

著　　者：[英] 谢丽尔·里克曼
译　　者：杨霏儿
出版统筹：陈　实
监　　制：傅钦伟
产品经理：刘　婷　吴　静
责任编辑：李思远　刘　婷
责任校对：杨萍萍
装帧设计：饶博文

出版发行：湖南人民出版社 [http://www.hnppp.com]
地　　址：长沙市营盘东路3号　　邮　　编：410005　　电　　话：0731-82683327

印　　刷：长沙超峰印刷有限公司
版　　次：2023年 5 月第1版　　印　　次：2023年 5 月第1次印刷
开　　本：880 mm × 1230 mm　1/32　　印　　张：7.5
字　　数：120千字
书　　号：ISBN 978-7-5561-3075-7
定　　价：49.80元

营销电话：0731-82683348（如发现印装质量问题请与出版社调换）